【互联网＋教育】新形态一体化系列教材

U0156887

PHP 网站开发案例与实战

主　编　房　丽　李林原　兰娅勋

副主编　张　莉　李　伟　杨永峰　宋丽萍

　　　　廖兴红　吴碧霞　缪建斌

合肥工业大学出版社

HEFEI UNIVERSITY OF TECHNOLOGY PRESS

图书在版编目（CIP）数据

PHP网站开发案例与实战 / 房丽，李林原，兰娅勋主
编.—合肥：合肥工业大学出版社，2023.9
ISBN 978-7-5650-6466-1

Ⅰ．①P… Ⅱ．①房… ②李… ③兰… Ⅲ．①PHP语言
－程序设计 Ⅳ．①TP312.8

中国国家版本馆CIP数据核字（2023）第190190号

PHP网站开发案例与实战
PHP WANGZHAN KAIFA ANLI YU SHIZHAN

房　丽　李林原　兰娅勋　主编

责任编辑	王钱超	
出版发行	合肥工业大学出版社	
地　　址	合肥市屯溪路193号	
网　　址	www.hfutpress.com.cn	
电　　话	人文社科出版中心：0551-62903205	
	营销与储运管理中心：0551-62903198	
规　　格	787毫米×1092毫米　1/16	
印　　张	16.5	
字　　数	422千字	
版　　次	2023年9月第1版	
印　　次	2023年9月第1次印刷	
印　　刷	河北柏兆达印刷有限公司	
书　　号	ISBN 978-7-5650-6466-1	
定　　价	58.00元	

如果有影响阅读的印装质量问题，请与出版社营销与储运管理中心联系调换

前言

随着互联网的发展，网站已经成为人们生活中重要的组成部分。人们通过网站提供的各项功能进行购物、求职、阅读等活动。党的二十大报告中也指出，要加快建设"网络强国、数字中国"。随着技术的推广，移动应用和Web应用成为开发热点，与两者相关的技术都得到了充分应用。PHP作为服务器技术，由于开源免费，一直是网站开发的三大主流技术之一。

本书以PHP语言为基础，紧紧围绕最新的PHP 7和PHP 8技术精髓展开深入讲解，以清晰的思路、精炼的实例使读者快速入门，并让读者逐步掌握网络编程的知识。本书注重基础理论与实用开发相结合，突出应用编程思想与开发方法的介绍，所选实例都具有较强的概括性和实操性。

本书基于Windows+IIS/Apache+MySQL+PHP平台，通过各种典型、实用的案例详细解析PHP动态网站开发中的基本知识和技能技巧，并辅以介绍一定的PHP高级编程技术，帮助读者全面掌握并运用所学知识进行动态网站开发。本书分为12章，具体内容如下。

第1章PHP概述和环境搭建：详细讲解了PHP的基础知识、基于Windows系统的开发环境搭建。

第2章HTML基础知识：介绍Web前台开发技术（HTML+CSS+JavaScript）的基础知识。

第3章表单处理：介绍在Web后台对表单的设计、数据提交与获取方法，以及上传文件的相关处理方法。

第4章Cookie与Session管理：介绍Web后台技术Cookie与Session的相关操作方法。

第5章MySQL数据库与SQL语句：介绍使用SQL语句管理MySQL数据库的方法。

第6章PHP访问数据库：介绍使用PHP函数访问及管理MySQL数据库。

第7章电子邮件：介绍使用PHP技术实现电子邮件的发送。

第8章PHP和AJAX技术：介绍通过结合PHP和AJAX技术实现Web开发。

第9章PHP与MVC：介绍基于PHP与MVC开发模型的技术实现Web开发。

第10章WordPress模板使用：介绍WordPress模板的搭建、基础操作及修改方法。

第11章使用Discuz!搭建论坛：介绍Discuz!论坛的搭建、基础操作及管理Discuz!论坛。

第12章PHP开发实战：结合前面所学知识，讲解了两个完整程序"小小网盘""网易投票系统"的开发实例及运行测试。

由于编者水平有限，书中难免存在错误和疏漏之处，希望广大读者批评指正。

编 者

目录

第1章

PHP 概述和环境搭建

PHP是一种服务器端执行的、嵌入HTML文档的脚本语言，其最重要的特征就是它具有强大的跨平台功能、良好的开源性与面向对象编程。PHP语言结构简单、安全性高、易于入门且开发高效。目前，PHP已成为全球非常受欢迎的脚本语言。本章将讲解PHP的基础知识和PHP开发环境的搭建。

配置PHP网站
开发环境

知识入门

1. PHP概念

超文本预处理器（Hypertext Preprocessor，PHP）是一种服务器端执行的嵌入HTML文档的脚本语言，语言的风格类似于C语言。PHP独特的语法混合了C语言、Java、Perl及PHP自创的语法。它可以比CGI或Perl更快速地执行动态网页。PHP是将程序嵌入HTML文档中执行，执行效率比完全生成HTML标记的CGI要高许多。PHP支持执行编译后的代码，编译可以达到加密和优化代码运行，使代码运行更快。PHP的功能强大，所有CGI的功能都能实现，而且支持几乎所有流行的数据库及操作系统。

2. PHP的特点

PHP起源于自由软件，即开放源代码软件。和其他编程语言相比，它主要有以下显著特点：

（1）免费开源。PHP不仅自身免费、开源，还可以和众多免费、开源工具良好搭配。例如，Apache、MySQL、Linux和PHP一起被称为LAMP开发平台，其功能并不输于价格昂贵的其他技术套件。

（2）简单易学。PHP作为嵌入HTML代码的解释型脚本语言，掌握HTML的开发者可以很容易上手。当然，学生想要掌握PHP的核心技术，就不像入门那么容易了，也需要勤学苦练。

（3）使用广泛。PHP是全球流行的脚本语言。PHP从1994年诞生至今已被2000多万个网站采用。随着技术的成熟和完善，PHP已经从一种针对网络开发的计算机语言发展成为一个适合于企业级部署的技术平台，IBM、Cisco、西门子、Adobe等公司均在普遍选用PHP技术。

（4）众多开源产品和开发工具。PHP本身的开源特性吸引了广大开发者将自己的作品开源，其中出现了一些能和商业软件媲美的产品。另外，用PHP开发的框架、类库及用于编写PHP的IDE，也有大量的开源、免费产品。

（5）社区丰富、活跃。PHP作为开源软件，得力于广大开发者形成的社区发展和维护。互联网上有众多的开发者社区，知名的中文社区包括phpchina.com、phpx.com、php.cn等。

（6）就业机会多。互联网行业发展迅猛，众多企业需要PHP人才，因此就业需求旺盛。

（7）高效、健壮。灵活、高效是PHP的显著特点之一，和其他编程语言相比，PHP的开发周期相对较短，性能和安全性也有保障。

3. PHP的发展

PHP最初是在1994年由Rasmus Lerdorf提出并实现的，它的早期版本并没有公开发行，只是作者本人在自己的主页上使用，并以此和观看他的在线简历的人保持联系。公开发行的第1版问世于1995年初，当初的名称为Personal Home Page Tools（PHP Tools）。当时它仅包括一个只有几条宏指令的非常简单的分析引擎，以及一组用于主页信息反馈的工具。目前，PHP最新版本为8.1.2，其发展过程见表1-1所列。

表 1-1　PHP 的发展过程

版本	发布日期	最终支持	相关更新及备注
1.0	1995-06-08	—	首次使用
2.0	1996-04-16	—	针对 PHP 1.0 的改进版，速度更快、体积更小，更容易产生动态网页
3.0	1998-06-06	2000-10-20	Zeev Suraski 和 Andi Gutmans 重写了底层，支持可扩展组件
4.0	2000-05-22	2001-06-23	增加了 Zend 引擎，支持更多的 Web 服务器、HTTP Sessions 支持、输出缓冲、更安全的用户输入和一些新的语言结构
4.1	2001-12-10	2002-03-12	加入了 superglobal（超全局的概念，即 $_GET、$_POST 等）
4.2	2002-04-22	2002-09-06	默认禁用 register_globals
4.3	2002-12-27	2005-03-31	引入了命令行界面 CLI 不用 CGI
4.4	2005-07-11	2008-08-08	修复了一些致命错误
5.0	2004-07-13	2005-09-05	Zend 升级为二代引擎，开始支持面向对象编程
5.1	2005-11-24	2006-08-24	引入了编译器来提高性能、增加了 PDO 作为访问数据库的接口
5.2	2006-11-02	2011-01-06	默认启用过滤器扩展
5.3	2009-06-30	2014-08-14	支持命名空间；使用 XMLReader 和 XMLWriter 增强 XML 支持；支持 SOAP，延迟静态绑定，跳转标签（有限的 goto），闭包，Native PHP archives；php-fpm 在 PHP 5.3.3 版本成为官方正式组件
5.4	2012-03-01	2015-09-03	支持 Trait、简短数组表达式；移除了 register_globals、safe_mode、allow_call_time_pass_reference、session_register()、session_unregister()、magic_quotes 及 session_is_registered()；增加了内建的 Web 服务器，增强了性能，减少内存使用量
5.5	2013-06-20	2016-07-10	支持 generators，用于异常处理的 finally，将 OpCache（基于 Zend Optimizer+）加入官方发布中
5.6	2014-08-28	2018-12-31	常数标量表达式、可变参数函数、参数拆包、新的求幂运算符、函数和常量的 use 语句的扩展、新的 phpdbg 调试器作为 SAPI 模块，以及其他更小的改进；使用 php://input 替代 $HTTP_RAW_POST_DATA，iconv 和 mbstring 配置选项中和编码相关的选项废弃
6.x	未发布	—	已取消，从未正式发布的 PHP 版本

版本	发布日期	最终支持	相关更新及备注
7.0	2015-12-03	2018-12-03	Zend 引擎升级到三代,整体性能是 5.6 版本的 2 倍;移除 ereg、mssql、mysql、sybase_ct 等 4 个扩展;引入了类型声明,有两种模式:强制(默认)和严格模式;支持匿名类
7.1	2016-12-01	2019-12-01	void 返回值类型,类常量,可见性修饰符,新增可为空(Nullable)类型,新增短数组语法,支持多异常捕获处理,废弃了 mcrypt 扩展用 OpenSSL 取代
7.2	2017-11-30	2020-11-30	GD 扩展内的 png2wbmp() 和 jpeg2wbmp() 被废弃,对象参数和返回类型提示、抽象方法重写等
7.3	2018-12-06	2021-12-06	更灵活的 Heredoc 和 Nowdoc 语法,大小写不敏感的常量声明现被废弃,在字符串中搜索非字符串内容都将被视为字符串,而不是 ASCII 编码值
7.4	2019-11-28	2022-11-28	Preloading 预加载机制,改进 OpenSSL、弱引用等;属性添加限定类型、有限返回类型协变与参数类型逆变、数值文字分隔符,为过渡到 PHP8 做了一定的准备
8.0.0	2020-11-26	2023-11-26	JIT（Just-In-Time,即时编译）、新增 static 返回类型、新增 mixed 类型、命名参数（Named arguments）和注释（Attributes）,不再允许通过静态调用的方式去调用非静态方法,字符串与数字的比较是将数字转为字符串再比较
8.1.1	2021-11-25	2024-11-25	显示八进制整数文字表示法、枚举、只读属性、第一类可调用语法、初始值设定项中的新语法、纯交叉类型、从不返回类型、最终类约束、纤维
8.1.2	2022-01-20	—	主要修复了一些 Bug

4. PHP 脚本和数据库应用

PHP 在与数据库交互方面有着无与伦比的优势,因为它支持几乎所有类型的数据库,甚至有些是没有听说过的。我们只用告诉 PHP 引擎需要连接的数据库的名字及数据库的访问路径,PHP 引擎会主动连接数据库,客户端将指令传送到数据库,然后将数据库的处理结果返回给客户端。

比较常见的数据库类型有 dBASE、Informix、Ingres、Microsoft SQL Server、mSQL、MySQL、Oracle、PostgreSQL 和 Sybase。

除了支持这些常见的数据库之外,PHP 还支持开放数据库互联（ODBC）。PHP 通过开放数据库互联,可以连接到无法原生支持的数据库,如 Microsoft Access 和 IBM DB2。

循序渐进

1.1 服务器端和客户端

所有的Web环境都有服务器端和客户端的区别。服务器端和客户端的工作流程大致如图 1-1 所示。

（1）用户使用客户端的浏览器软件（如IE），将网址作为指令通过互联网发送给目标服务器。

（2）服务器上，服务器软件（如Apache）根据指令找到指定页面，如果是静态页面，则直接返回给客户端；如果是动态程序，则通过程序解析器或编译器（如PHP）执行，再将执行的结果返回给客户端。

图 1-1 服务器端和客户端

（3）客户端通过浏览器软件将获取到的资源解释成网页，显示在客户端的显示器上。

总的来说，这是一个非常复杂的过程，需要很多软硬件共同协调才能完成。但在开发过程中，PHP程序员只要关注代码的编写就可以了，服务器端和客户端可用一台计算机实现。服务器端的环境主要用于程序的编写和发布，而客户端环境则用于浏览开发效果，以便对程序进行跟踪调试。服务器端的主要程序包括：

（1）服务器操作系统。常用的服务器操作系统包括Windows NT系列、Linux、UNIX、FreeBSP等。PHP对于Web服务器操作系统都能良好兼容。本书不对服务器操作系统的安装和使用进行讲解，请读者自行学习这部分内容。

（2）Web服务程序。用于Web发布的服务器软件，常见的是微软开发应用于Windows操作系统的IIS和开源免费可用于多平台的Apache。

（3）编程语言的编译器或服务器端解释器。对于PHP程序，所需要的是PHP的解释器。

（4）数据库服务器。常见的Web数据库有SQL Server、MySQL、Oracle和SQLite等。

客户端的主要程序包括：

（1）客户端操作系统，如Windows和Linux。本书所有的实例均以Windows 10作为客户端操作系统平台。

（2）网页浏览器。开发中常用的网页浏览器有Internet Explorer（IE）、Mozilla Firefox、Google Chrome等。建议用户使用强大的Firefox浏览器软件。该软件拥有大量辅助开发的插件，非常适合用户使用。

除了服务器端和客户端软件，开发者还需要有一套适合自己的代码编辑器。这类软件种类很多，复杂程度不一，有的只适用于代码的编写，有的具备服务器端和客户端的调试功能。PHP文件可以由任意文本编辑器创建和编辑。但在开发工作中，当代码越来越多、越来越复杂的时候，开发者用记事本这样的简单工具就难以胜任了。选择一款好的PHP集成开发工具，对于PHP的开发来说至关重要。下面介绍几款具有代表性的编辑器，供读者选择。

（1）Notepad++。Notepad++是一款由台湾开发者发布的开源、免费的、轻量级的文本编辑软件。尽管Notepad++不是专门用于PHP开发的工具，但其小巧灵活的特点和友好的操作环境，非常适于用来开发PHP中小型程序。它还具有简单、易学的特点，也非常适合PHP初学者使用。Notepad++的下载地址为https://notepad-plus.en.softonic.com/。

（2）Zend Studio。Zend（全称Zend Technologies）是提供PHP解决方案的权威公司，具有PHP的半官方性质。Zend Studio不仅仅是一款文本编辑器，还对PHP语言提供调试支持，支持PHP语法加亮显示，支持语法自动填充功能，支持书签功能，支持语法自动缩排和代码复制功能，内置一个强大的PHP代码调试工具，支持本地和远程两种调试模式，支持多种高级调试功能。其缺点是庞大、复杂，并且是收费软件。

（3）NetBeans IDE。NetBeans是一个全功能的免费、开放源码、多功能IDE，可以用来编写、编译、调试和部署Java、PHP、Python等应用，并将版本控制和XML编辑融入其众多功能之中。虽然不是专门用于PHP开发的软件，但其强大的功能并不比Zend Studio逊色。建议没有条件购买Zend Studio的读者选择NetBeans作为学习和开发PHP的工具。NetBeans的下载地址是https://netbeans-ide.en.softonic.com/。

1.2 配置PHP开发环境

如果要使用PHP语言进行网站开发，则需要先配置适合PHP运行和开发的环境。其中，常见的环境搭配架构有Windows/Linux+IIS/Apache+MySQL+PHP。PHP环境中各个软件的安装，并没有特定的顺序，既可以先安装Apache，也可以先安装PHP，数据库和其他软件的安装也没有关系。为了方便调试配置，建议初学者按照PHP、Apache、MySQL这样的顺序进行安装。本节将在Windows系统中，配置PHP开发环境。

1.2.1 安装和配置PHP

Windows版的PHP下载地址为 https://windows.php.net/download/。 在PHP下载页面，官方提供了Non Thread Safe和Thread Safe两个版本。 具体区别如下。

（1）Non Thread Safe：非线程安全，与IIS环境搭配使用。

（2）Thread Safe：线程安全，与Apache环境搭配使用。

所以，用户根据自己的环境，选择下载对应版本，如图1-2所示。

PHP 8.1 (8.1.2)

Download source code [25.15MB]

Download tests package (phpt) [15.01MB]

VS16 x64 Non Thread Safe (2022-Jan-19 10:43:46)

- Zip [29.13MB]

  sha256: 8b790e9078392c8e611d33dad52c0f9b43134100db4dc270c14eef36c7ca1756

- Debug Pack [23.73MB]

  sha256: 6c4a67dd02e896864523e05332d990e3e74d9bc209aa36b6ebfbdd26061ee620

- Development package (SDK to develop PHP extensions) [1.21MB]

  sha256: 1ec742b9284352b5671109079bd1a262d0bde80f9f858d85912fc2263f14a1a4

VS16 x64 Thread Safe (2022-Jan-19 10:59:38)

- Zip [29.23MB]

  sha256: 54da683e26c3ece2ae52802c907808e651defe79b4dd4a0a173d5126c483f1c3

图1-2 获取PHP安装包

PHP不需要安装，直接解压即可。这里将其解压到D:\php-8.1.2目录。进入该目录，找到php.ini-development文件，复制一份并修改名称为php.ini。然后，修改php.ini文件中的如下内容：

```
extension_dir = "D:\php-8.1.2\ext"    #扩展模块目录
date.timezone = Asia/Shanghai         #修改当前时区
extension=mysqli                       #启用扩展模块
extension=gd                           #启用扩展模块
```

以上配置项在文件中都可以找到，去掉前面的注释符";"即可。这里修改extension_dir参数，指定其目录，要根据自己的环境进行配置。

1.2.2 安装和配置Apache

Apache是世界使用量排名前列的Web服务器软件。它可以运行在几乎所有广泛使用的计算机平台上，是流行的Web服务器端软件。下面将介绍Apache的下载、安装和配置。

1. 获取Apache软件包

Apache的官网下载地址为http://httpd.apache.org/download.cgi。在下载页面中单击"Files for Microsoft Windows"链接，显示Apache的Windows版下载界面。该界面提供了5个下载地址，前三个为第三方提供编译的网站，后两个是有名的WampServer和XAMPP集成环境。选择第一个网站ApacheHaus，打开下载界面，如图1-3所示。在该界面根据自己的系统架构，选择下载对应的版本。

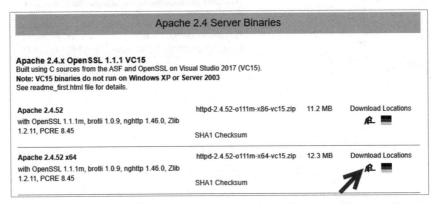

图1-3 下载Apache

2. 安装Apache软件包

当获取到Apache软件包后，即可开始安装。其中，下载的软件包是一个压缩包，名为httpd-2.4.52-o111m-x64-vs16.zip。这里将解压该软件包，把它放到自己希望放置的地方。解压后，所有文件都将解压到Apache24目录中。进入该目录的子目录bin中，使用httpd程序安装Apache服务。

以管理员身份启动"命令行终端"窗口。然后，进入Apache/bin目录，执行命令httpd -k install。代码如下所示：

```
C:\Windows\system32>D:
D:\>cd Apache24\bin
D:\Apache24\bin>httpd.exe -k install
Installing the 'Apache2.4' service
The 'Apache2.4' service is successfully installed.
                        #Apache2.4 服务安装成功
Testing httpd.conf....
Errors reported here must be corrected before the service can be
started.
```

从输出信息可以看到，成功安装 Apache2.4 服务。但是，没有成功启动该服务。接下来，到服务管理界面，手动启动即可。

在 Windows 桌面，依次单击"开始"/"运行"，打开运行窗口。在"打开"文本框中输入"services.msc"命令，单击"确定"按钮，打开"服务"管理界面。在"名称"列表中选择"Apache2.4"服务，单击"启动"按钮，即可成功启动 Apache 服务，如图 1-4 所示。

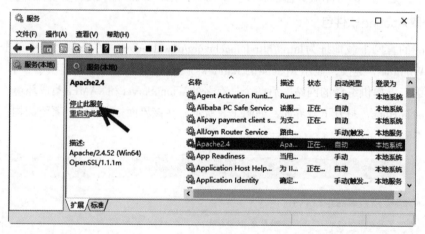

图 1-4 成功启动 Apache 服务

3. 测试 Apache 服务

此时，在浏览器中，输入地址 http://localhost/ 或 http://127.0.0.1/，将显示 Apache 的默认界面，如图 1-5 所示。此时，说明 Apache 服务安装成功。

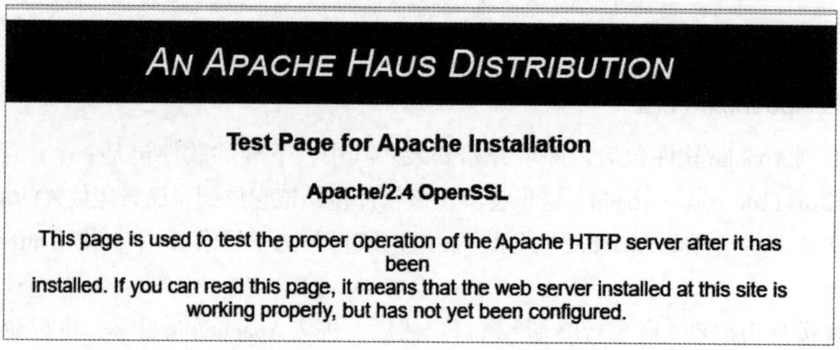

图 1-5 Apache 默认界面

4. 配置 Apache

安装好PHP和Apache后，需要在Apache的配置文件中添加命令，以使PHP作为Apache的模块运行。Apache的配置文件在Apache安装目录下的conf目录，主要的配置一般存放在httpd.conf文件中。用文本编辑器打开httpd.conf文件，在其中输入以下三行代码：

```
LoadModule php7_module "D:/php-7.4.27/php7apache2_4.dll"
                                            #加载PHP模块
AddType application/x-httpd-php .php .html .htm  #支持的文件类型
PHPIniDir "D:/php-7.4.27"                    #PHP位置
```

其中，第一句表示加载PHP模块；第二句指定Apache对.php、.html和.htm文件进行解析；第三句指定PHP配置文件php.ini的路径。Apache的配置文档修改之后，需要对Apache进行重启操作后才能生效。

5. 测试 PHP

安装好Apache和PHP后，开发者可以进行简单测试，以判断是否安装成功。最简单的方法是使用phpinfo()函数。在Web根目录（一般为Apache安装目录下的htdocs目录）中创建一个文件，命名为index.php，在里面输入以下代码：

```
<?php
phpinfo();
?>
```

打开浏览器，在地址栏中输入网址http://localhost/index.php 或 http://127.0.0.1/index.php，如果见到图1-6所示的页面，则说明PHP环境安装成功了。

PHP Version 7.4.27	
System	Windows NT DESKTOP-RILLIRT 6.2 build 9200 (Windows 8 Professional Edition)
Build Date	Dec 14 2021 19:45:44
Compiler	Visual C++ 2017
Architecture	x64
Configure Command	cscript /nologo /e:jscript configure.js "--enable-snapshot-build" "--enable-debug-pac build\deps_aux\oracle\x64\instantclient_12_1\sdk,shared" "--with-oci8-12c=c:\php-s build\deps_aux\oracle\x64\instantclient_12_1\sdk,shared" "--enable-object-out-dir= dotnet=shared" "--without-analyzer" "--with-pgo"
Server API	Apache 2.0 Handler
Virtual Directory Support	enabled
Configuration File (php.ini) Path	no value

图 1-6　PHP 版本信息

> 提示：目前，Apache还不支持PHP 8。所以，如果使用Apache为Web服务，则必须安装PHP 7。

1.2.3 安装和配置IIS

互联网信息服务（Internet Information Services，IIS）是由微软公司提供的基于Microsoft Windows运行环境的互联网基本服务。下面将介绍安装和配置IIS的Web服务。

1. 安装IIS

在Windows系统的程序和功能中，已经自带了IIS软件包，用户直接安装即可。操作步骤如下文描述。

（1）在Windows系统打开控制面板，单击"程序和功能"命令，打开"程序和功能"页面。然后，单击左侧的"启用或关闭Windows功能"命令，打开"Windows功能"对话框。

（2）在"Windows功能"对话框中，选择"Internet Information Services"选项和子选项CGI，如图1-7所示。

（3）单击"确定"按钮，将开始安装IIS服务。

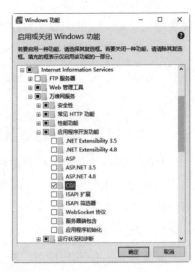

图1-7 "Windows功能"对话框

2. 测试IIS

IIS服务安装后，无需任何配置即可访问该服务。在浏览器中，输入地址http://localhost/或http://127.0.0.1/，将显示IIS服务的默认界面，如图1-8所示。由此可以说明，IIS服务安装成功。

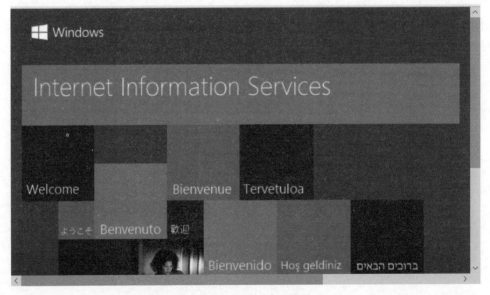

图1-8 IIS服务默认界面

3. 配置IIS

如果在IIS服务中使用PHP，也需要配置IIS，使PHP作为Apache的模块运行。操作步骤如下文描述。

（1）在控制面板中，依次单击"管理工具"/"Internet Information Services(IIS)管理器"，打开 IIS 管理器。在中间窗口单击"处理程序映射"命令，打开处理程序映射界面。单击"添加模块映射"命令，打开"添加模块映射"对话框，如图 1-9 所示。

（2）在"请求路径"文本框中输入"*.php"；在"模块"下拉列表中单击"FastCgiModule"；"可执行文件"文本框中选择"D:\php-8.1.2\php-cgi.exe"；"名称"文本框中任意填写名称，如 PHP。单击"确定"按钮，弹出"添加模块映射"提示对话框，如图 1-10 所示。

（3）单击"是"按钮，PHP 环境配置完成。

图 1-9 "添加模块映射"对话框

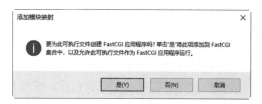

图 1-10 "添加模块映射"提示对话框

4. 测试 PHP

此时，同样使用 phpinfo() 函数可以测试 PHP。在 IIS 根目录（默认为 C:\inetpub\wwwroot）创建一个 index.php 文件。然后，打开浏览器，在地址栏中输入网址 http://localhost/index.php 或 http://127.0.0.1/index.php。如果成功显示 PHP 的版本信息，则说明 PHP 环境安装成功了。

1.2.4 安装和配置 MySQL

MySQL 是流行的关系型数据库管理系统，在 Web 应用方面，MySQL 是最好的关系数据库管理系统（Relational Database Management System，RDBMS）应用软件之一。下面将介绍 MySQL 的安装及配置。

1. 获取 MySQL 安装包

MySQL 的官网下载地址为 https://dev.mysql.com/downloads/mysql/。官网提供了两种格式的 MySQL 安装包，分别为 msi 格式和 zip 格式。其中，zip 格式直接解压缩后即可使用，但是还需要简单配置；msi 是安装包，直接单击下一步即可安装。所以，建议下载 msi 格式。默认打开的下载页面是 zip 格式，如图 1-11 所示。如果下载 msi 格式，单击 Go to Download Page 超链接按钮，打开 MySQL 下载界面，如图 1-12 所示。

图 1-11　zip格式下载界面　　　　　　　　图 1-12　msi格式下载界面

在Select Operating System下拉列表中选择"Microsoft Windows"命令。细心的读者会发现这两个安装包都是32位的，虽然只有32位，但是会同时安装32位和64位的文件。另外，这两个安装包的区别是：第一个需要联网安装（mysql-install-web-community），安装时必须能访问互联网；第二个是离线安装使用（mysql-install-community），建议下载离线安装使用的版本。为了方便用户使用，这里分别介绍两种安装包的安装方法。

2. 安装msi格式的MySQL

当用户成功下载MySQL安装包后，即可开始安装。操作步骤如下文描述。

（1）双击下载的安装包，打开Choosing a Setup Type（选择设置类型）对话框，如图 1-13所示。

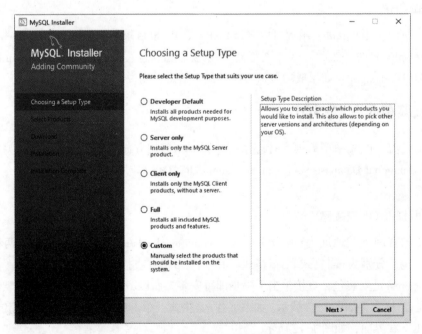

图 1-13　"选择设置类型"对话框

（2）单击Custom单选按钮，单击Next按钮，打开Select Products对话框，如图 1-14 所示。

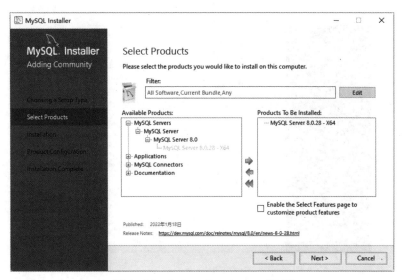

图 1-14　Select Products 对话框

（3）在 Available Products 文本框中，单击 MySQL Server 8.0.28-X64，单击右箭头添加到 Products To Be Installed 文本框。单击 Next 按钮，打开 Install 对话框，单击 Execute 按钮，开始安装。安装完成后，单击 Next 按钮，打开 Product Configuration 对话框。

（4）单击 Next 按钮，打开 Type and Networking 对话框，如图 1-15 所示。

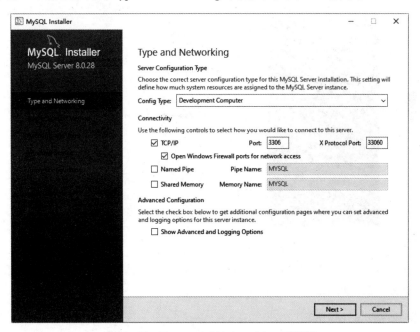

图 1-15　Type and Networking 对话框

（5）在 Type and Networking 对话框中，配置类型（Config Type）设置为 Development Computer，默认端口（Port）为 3306。单击 Next 按钮，打开 Authentication Method 对话框。

（6）单击 Next 按钮，打开 Accounts and Roles 对话框，如图 1-16 所示。

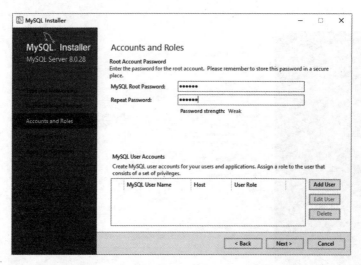

图 1-16　Accounts and Roles 对话框

（7）在 Accounts and Roles 对话框中，为默认的管理员用户 root 设置密码。单击 Next 按钮，打开 Windows Service 对话框。

（8）单击 Next 按钮，打开 Apply Configuration 对话框。单击 Execute 按钮，进行配置。配置完成后，显示"配置完成"对话框，如图 1-17 所示。

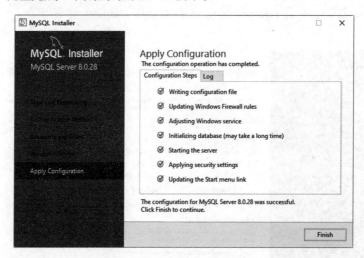

图 1-17　"配置完成"对话框

（9）单击 Finish 按钮，打开 Product Configuration 对话框。单击 Next 按钮，打开 Installation Complete 对话框。单击 Finish 按钮，MySQL 安装完成。

3. 安装 zip 格式的 MySQL

zip 格式安装也比较简单，解压软件包后，进行简单配置即可。操作步骤如下文描述。

（1）解压 MySQL 软件包到安装目录，这里将解压到 D 盘根目录。解压后，目录名为 mysql-8.0.28-winx64。

（2）在 mysql-8.0.28-winx64 目录中，默认没有配置文件。一般配置文件名为 my.ini。所以，这里将创建一个 my.ini 文件，并输入如下内容。

```
[mysqld]
#设置3306端口
port = 3306
#设置mysql的安装目录
basedir=D:\mysql-8.0.28-winx64
#设置mysql数据库的数据的存放目录
datadir=D:\mysql-8.0.28-winx64\data
#允许最大连接数
max_connections=200
#服务器端使用的字符集默认为8比特编码的latin1字符集
character-set-server=utf8
#创建新表时将使用的默认存储引擎
default-storage-engine=INNODB
#默认使用mysql_native_password插件认证
default_authentication_plugin=mysql_native_password
[mysql]
#设置mysql客户端默认字符集
default-character-set=utf8
[client]
#设置mysql客户端连接服务器端时默认使用的端口
port=3306
default-character-set=utf8
```

（3）以管理员身份启动"命令行终端"窗口，进入D:\mysql-8.0.28-winx64\bin目录。执行初始化命令，如下所示：

```
C:\Windows\system32>D:
D:\>cd mysql-8.0.28-winx64\bin
D:\mysql-8.0.28-winx64\bin>mysqld.exe --initialize --user=mysql
--console      #初始化命令
2022-02-08T09:58:12.998591Z 0 [Warning] [MY-010918] [Server]
'default_authentication_plugin' is deprecated and will be
removed in a future release. Please use authentication_policy
instead.
2022-02-08T09:58:12.998626Z 0 [System] [MY-013169] [Server] D:\
mysql-8.0.28-winx64\bin\mysqld.exe (mysqld 8.0.28) initializing
of server in progress as process 7212
2022-02-08T09:58:13.000389Z 0 [Warning] [MY-013242] [Server]
--character-set-server: 'utf8' is currently an alias for the
character set UTF8MB3, but will be an alias for UTF8MB4 in a
future release. Please consider using UTF8MB4 in order to be
unambiguous.
2022-02-08T09:58:13.077380Z 1 [System] [MY-013576] [InnoDB]
InnoDB initialization has started.
2022-02-08T09:58:14.235446Z 1 [System] [MY-013577] [InnoDB]
```

```
InnoDB initialization has ended.
2022-02-08T09:58:16.702621Z 6 [Note] [MY-010454] [Server] A
temporary password is generated for root@localhost: SoIS<?t=-4AZ
```

看到以上类似信息输出，表示 MySQL 初始化完成。此时，生成了一个临时密码 SoIS<?t=-4AZ。大家需要记住该密码，登录 MySQL 服务时，需要输入。

（4）安装 MySQL 服务。执行命令如下所示：

```
D:\mysql-8.0.28-winx64\bin>mysqld.exe --install
Service successfully installed.
```

4. 配置 MySQL 环境变量

为了方便使用 MySQL 服务中的所有程序，可以为 MySQL 设置环境变量。操作步骤如下文描述。

（1）右击"此电脑"/"属性"/"高级系统设置"命令，打开"系统属性"对话框。

（2）在"高级"标签中单击"环境变量"按钮，打开"环境变量"对话框。

（3）在系统变量文本框中选择"Path"变量，单击"编辑"按钮，打开"编辑环境变量"对话框。单击"新建"按钮，指定 MySQL 的 bin 目录，如图 1-18 所示。

（4）单击"确定"按钮，MySQL 环境变量设置完成。

图 1-18　MySQL 环境变量

5. 启动 MySQL 服务

MySQL 服务安装完成后，即可连接该服务。如果成功连接 MySQL 服务，说明该服务安装成功。在默认状态下，MySQL 服务没有启动，所以需要先启动该服务。用户可以在服务管理界面进行启动，也可以通过"命令行终端"启动。

在 Windows 系统中，以管理员身份启动"命令行终端"窗口。然后，在命令行提示符下输入 net start mysql 命令，即可启动 MySQL 服务器。执行命令如下所示：

```
C:\Windows\system32>net start mysql
MySQL 服务正在启动
MySQL 服务已经启动成功
```

看到以上输出信息，表示 MySQL 服务启动成功。接下来，就可以连接该服务了。

6. 连接 MySQL 服务

成功启动 MySQL 服务后，即可使用 mysql 命令连接该服务。

实例 1-1　下面使用 mysql 命令连接 MySQL 服务。代码如下所示：

```
C:\Windows\system32>mysql -u root -p
Enter password: *************          #输入生成的临时密码
```

```
Welcome to the MySQL monitor.  Commands end with ; or \g.
Your MySQL connection id is 9
Server version: 8.0.28
Copyright (c) 2000, 2022, Oracle and/or its affiliates.
Oracle is a registered trademark of Oracle Corporation and/or
its
affiliates. Other names may be trademarks of their respective
owners.
Type 'help;' or '\h' for help. Type '\c' to clear the current
input statement.
mysql>
```

看到"mysql>"提示符，表示成功登录 MySQL 服务，即 MySQL 服务安装成功。以上命令中，-u root 选项表示连接 MySQL 服务的用户名为 root；-p 选项表示指定连接 MySQL 服务的用户密码。

7. 修改默认密码

MySQL 服务安装后，随机生成的一个密码，不容易记忆。为了方便记忆和输入，读者可以修改其密码。

实例 1-2 下面修改 root 用户密码为 123456。代码如下所示：

```
mysql> ALTER USER root@localhost IDENTIFIED BY '123456';
Query OK, 0 rows affected (0.01 sec)
```

此时，表示密码修改成功。再次使用 root 用户登录 MySQL 服务时，输入的密码为新密码 123456。

8. 允许 root 用户远程登录 MySQL

MySQL 服务默认不允许 root 用户远程连接，如果想要远程登录该服务，则需要进行配置。

实例 1-3 下面设置 MySQL 服务允许远程登录。操作步骤如下文描述。

（1）切换到 mysql 数据库，查看 user 数据表中 user、host 和 plugin 字段值。

```
mysql> use mysql;                          #切换到mysql数据库
Database changed
mysql> select user,host,plugin from user;   #查看user数据表指定字段
+--------------------+-----------+-----------------------+
| user               | host      | plugin                |
+--------------------+-----------+-----------------------+
| mysql.infoschema   | localhost | caching_sha2_password |
| mysql.session      | localhost | caching_sha2_password |
| mysql.sys          | localhost | caching_sha2_password |
| root               | localhost | mysql_native_password |
+--------------------+-----------+-----------------------+
4 rows in set (0.00 sec)
```

从输出信息可以看到，root 用户的访问权限是 localhost，即只允许本地连接。将 host 字段值修改为"%"，表示允许任意主机访问。

（2）修改host字段值为"%"，并更新权限列表。

```
mysql> UPDATE USER SET host='%' WHERE USER='root';
Query OK, 1 row affected (0.00 sec)
Rows matched: 1  Changed: 1  Warnings: 0
mysql> FLUSH PRIVILEGES;
Query OK, 0 rows affected (0.01 sec)
```

（3）再次查看user数据表，可以看到host字段值被成功修改为"%"。

```
mysql> select user,host,plugin from user;
+------------------+-----------+---------------------------+
| user             | %         | plugin                    |
+------------------+-----------+---------------------------+
| mysql.infoschema | localhost | caching_sha2_password     |
| mysql.session    | localhost | caching_sha2_password     |
| mysql.sys        | localhost | caching_sha2_password     |
| root             | localhost | mysql_native_password     |
+------------------+-----------+---------------------------+
4 rows in set (0.00 sec)
```

此时，即可远程连接MySQL服务了。其中，MySQL服务的主机地址为192.168.1.2。执行命令如下所示：

```
mysql -u root -h 192.168.1.2 -p
```

9. 关闭MySQl服务

当完成MySQL操作后应关闭MySQL服务器，以节约系统资源。在Windows系统中，以管理员身份启动"命令行终端"窗口。然后，在命令行提示符下输入net stop mysql命令，即可关闭MySQL服务器。代码如下所示：

```
C:\Windows\system32>net stop mysql
MySQL 服务正在停止
MySQL 服务已成功停止
```

从输出信息可以看到，MySQL服务已成功停止。

知识拓展

1. Linux下的环境配置

Linux全称为GNU/Linux，是一种免费使用和自由传播的类UNIX操作系统。由于该系统开源、稳定，所以通常用来作为服务器。在Linux操作系统中，也可以配置PHP开发环境。其中，常见的环境搭配架构为Linux+Apache+MySQL+PHP。Linux系统的软件包包括二进制包和源码包两种格式。二进制包的安装方法比较简单，会自动解决软件包的依赖关系；如果使用源码包安装的话，依赖包需要用户手动安装。另外，由于源码包需要进行编译，所以安装时间也比较长。

2. 二进制包搭建 PHP 开发环境

Linux 系统包括 Debian 和 RedHat 两个系列，对应的二进制包后缀分别为 .deb 和 .rpm。其中，Debian 系列（如 Debian、Ubuntu、Kali）的二进制包使用 apt-get 命令安装；RedHat 系列（如 Fedora、RHEL、CentOS）的二进制包使用 rmp 命令安装。下面以 Ubuntu 系统为例，具体介绍 PHP 开发环境的配置方法。

（1）安装 Apache 服务。代码如下所示：

```
test@test-virtual-machine:~$ sudo apt-get install apache2
```

执行以上命令后，将开始安装 Apache 服务。安装完成后，打开浏览器，输入地址 http://localhost/ 或 http://127.0.0.1/，即可验证 Apache 服务。如果显示如图 1-19 所示的界面，说明 Apache 服务安装成功。

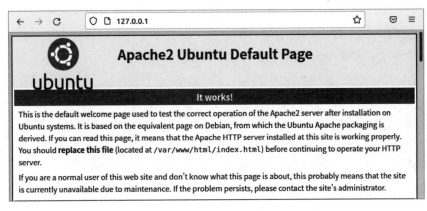

图 1-19　Apache 服务默认页面

（2）安装 PHP。代码如下所示：

```
test@test-virtual-machine:~$ sudo apt-get install php7.4
```

安装完成后，输入 php -v 命令可以查看 PHP 是否安装成功。

```
test@test-virtual-machine:~$ php -v
PHP 7.4.3 (cli) (built: Nov 25 2021 23:16:22) ( NTS )
Copyright (c) The PHP Group
Zend Engine v3.4.0, Copyright (c) Zend Technologies
    with Zend OPcache v7.4.3, Copyright (c), by Zend
Technologies
```

从输出信息可以看到，当前安装的 PHP 版本为 7.4.3。由此可以说明，PHP 安装成功。PHP 和 Apache 安装好后，还需要让 Apache 能够识别解析 PHP 文件。此时，安装插件 libapache2-mod-php 即可。一般情况下，安装 PHP 时，将自动安装该软件。接下来，在 Apache 服务的根目录下（默认为 /var/www/html/），创建一个 PHP 文件，即可测试是否能够访问成功。创建 test.php

文件，输入以下内容：

```
<?php
phpinfo();
?>
```

然后，在浏览器地址栏中输入 http://localhost/test.php，将显示 PHP 的版本信息。由此可以说明，PHP 安装成功。

（3）安装 MySQL 服务。MySQL 数据库需要安装服务端和客户端两个软件包。代码如下所示：

```
test@test-virtual-machine:~$ sudo apt-get install mysql-server
mysql-client
```

同样的，还需要让 MySQL 和 PHP 互动，安装 PHP 的 MySQL 插件 php7.4-mysql。执行命令如下所示：

```
test@test-virtual-machine:~$ sudo apt-get install php7.4-mysql
```

最后，我们还可以安装一些常用的 PHP 扩展。代码如下所示：

```
test@test-virtual-machine:~$ sudo apt-get install php7.4-gd
php7.4-mbstring php7.4-xml
```

本章习题

一、选择题

（1）下面（ ）软件属于服务器端。

A. Apache   B. PHP   C. MySQL   D. IE

（2）下面（ ）软件属于客户端。

A. Apache   B. PHP   C. MySQL   D. IE

二、填空题

（1）PHP 的全称为 _____，是一种服务器端执行的嵌入 HTML 文档的脚本语言。

（2）PHP 的特点是 _____、_____、_____、_____、_____、_____、_____。

三、操作题

（1）按照前面介绍的操作方法，配置 Windows+IIS+MySQL 开发环境。

（2）按照前面介绍的操作方法，配置 Linux+Apache+MySQL 开发环境。

第 2 章

HTML 基础知识

HTML（Hyper Text Markup Language，超文本标记语言）是用来描述网页的一种语言。HTML是网页制作必备的一种语言。为了使网页的效果更好，通常需要结合CSS和JavaScript技术。本章讲解HTML、CSS和JavaScript基础知识。

HTML基础知识

知识入门

1. HTML、CSS和JavaScript关系

一个基本的网站包含很多个网页，一个网页由 HTML、CSS 和 JavaScript 三大技术构成。HTML用来定义网页的结构；CSS用来描述网页的样子；JavaScript用来控制网页中的每个元素。下面使用一扇门来举一个例子，比喻三者之间的关系。其中，HTML是门的门板；CSS是门上的油漆或花纹；JavaScript是门的开关。

2. HTML的发展

从Web诞生早期至今，已经发展出多个HTML版本。版本不同，支持的标签不同，支持的功能也不同。其中，HTML的版本及其发布时间见表2-1所列。

表2-1 HTML的版本及其发布时间

版本	发布时间
HTML 2.0	1995 年 11 月 24 日
HTML 3.2	1997 年 1 月 14 日
HTML 4.0	1997 年 12 月 18 日
HTML 4.01（微小改进）	1999 年 12 月 24 日
ISO/IEC 15445：2000（ISO HTML）	2000 年 5 月 15 日
XHTML 1.0	2000 年 1 月 26 日
XHTML 1.1	2001 年 5 月 31 日
HTML 5	2014 年 10 月 28 日

3. CSS的发展

1994 年，哈坤·利提出CSS的最初建议，伯特·波斯（Bert Bos）当时正在设计一个叫作Argo的浏览器，他们决定一起合作设计CSS。发展至今，CSS已经出现了 4 个版本，具体见表2-2所列。

表2-2 CSS的版本及其发布时间

版本	发布时间
CSS 1	1996 年 12 月 17 日
CSS 2	1998 年 5 月
CSS 2.1	2011 年 6 月 7 日
CSS 3	1999 年 6 月

循序渐进

2.1 HTML 5 标记语言基础

HTML是制作超文本文档的标记语言，由多种标记组成。标记不区分大小写，大部分标记是成对出现的。在HTML编写的超文本文档称为HTML文档，它能在各种浏览器上独立运行。本节讲解HTML 5 标记语言基础。

2.1.1 声明HTML版本

由于HTML中有许多个不同的版本，所以开发者需要声明页面中使用的HTML版本，浏览器才能完全正确地显示出HTML页面。开发者可以通过<!DOCTYPE>指令来声明网页所使用的HTML的版本。其中，<!DOCTYPE>声明必须位于HTML文档的第一行，即位于<html>标签之前。注意，<!DOCTYPE>声明不是HTML标签，只是指示Web浏览器当前页面使用哪个HTML版本进行编写的指令。下面将简单列出每个HTML版本中的<!DOCTYPE>声明格式。代码如下所示：

1. HTML 5

```
<!DOCTYPE html>
```

2. HTML 4.01

```
<!DOCTYPE HTML PUBLIC "-//W3C//DTD HTML 4.01 Transitional//EN"
"http://www.w3.org/TR/html4/loose.dtd">
```

3. XHTML 1.1

```
<!DOCTYPE html PUBLIC "-//W3C//DTD XHTML 1.1//EN" "http://www.
w3.org/TR/xhtml11/DTD/xhtml11.dtd">
```

4. XHTML 1.0

```
<!DOCTYPE html PUBLIC "-//W3C//DTD XHTML 1.0 Transitional//EN"
"http://www.w3.org/TR/xhtml1/DTD/xhtml1-transitional.dtd">
```

实例 2-1　下面分析腾讯网站使用的HTML版本。具体操作步骤如下文描述。

（1）在浏览器中访问www.qq.com，打开腾讯网站，如图2-1所示。

图 2-1 腾讯网站首页

（2）此时，用户按下 **F12** 键即可看到该站点对应的源代码，如图 2-2 所示。

图 2-2 网站源代码

（3）该界面显示了腾讯网站的源代码。其中，第一行源代码显示了 HTML 版本，该网站 HTML 版本的源代码为 <!doctype html>。由此可以说明，该站点使用的 HTML 版本是 HTML 5。

2.1.2 HTML基本结构

HTML 的结构包括"头"和"主体"两部分。其中，"头"部提供关于网页的信息，"主体"部分提供网页的具体内容。如果要分析网页呈现的内容，主要是分析"主体"部分的信息。一个 HTML 的基本结构如下所示：

```
<html>
<head>                                      #头部分
<title>Document name goes here</title>
</head>
<body>                                      #主体部分
Visible text goes here
</body>
</html>
```

从以上信息中可以看到，HTML 的信息主要包括在 `<html>` 和 `</html>` 标签中。在 HTML 中，每个标签都是成对出现的，一个表示信息的开始，另一个表示信息的结束。下面将分别对 HTML 的"头"部内容和"主体"内容做一个简单介绍。

1. 头部内容 `<head></head>`

`<head></head>` 这两个标记符分别表示头部信息的开始和结尾。头部中包含的标记是页面的标题、序言、说明等内容。它本身不作为内容来显示，但影响网页显示的效果。头部中常用的标记符是标题标记符 `<title>` 和 `<meta>` 标记符。其中，标题标记符用于定义网页的标题，它的内容显示在网页窗口的标题栏中。网页标题可被浏览器用作书签和收藏清单。

2. 主体内容 `<body></body>`

`<body></body>` 网页中显示的实际内容均包含在这两个正文标记符之间。正文标记符又称为实体标记。

用户通过查看网页的源代码，可以确定 HTML 的基本结构。例如，这里同样分析一下腾讯网页。用户使用 F12 键打开腾讯网页的源代码，显示结果如图 2-3 所示。

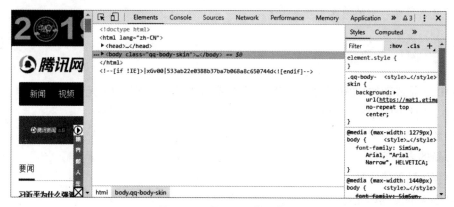

图 2-3　腾讯网页的源代码

正常情况下，用户打开源代码后，其内容可能都是展开的。此时，将展开的元素信息合并后，即可一目了然地看到该网页的结构。从中可以看到，该网页确实是由头（`<head></head>`）和主体（`<body></body>`）两部分构成。

2.1.3　HTML 语法

HTML 规定了自己的语法规则，用来表示比"文本"更丰富的意义，如图片、表格、链接等。浏览器（如 IE、Firefox 等）内置了 HTML 的语法解析规则，所以可以根据 HTML 代码正确显示网页内容。下面将介绍 HTML 的语法。

1. HTML 元素标签

HTML 文档是由 HTML 元素定义的。HTML 元素指的是从开始标签（Start Tag）到结束标签（End Tag）的所有代码。所以，HTML 元素以开始标签起始，以结束标签终止。元素的内容是开始标签与结束标签之间的内容。另外，还有一种空元素，即没有内容的 HTML 元素。空元素是在开始标签中关闭的。例如，`<br>` 就是没有关闭标签的空元素。如果要关闭该元素，在开始标签中添加左斜杠即可，如
。

> 提示：在旧版本的HTML中，支持使用空元素。即使用户忘记使用结束标签了，大多数浏览器也会正确显示HTML。但是，在XHTML、XML及新的HTML版本中，不允许省略结束标签，所有元素都必须被关闭。

2. 属性

大多数HTML元素可拥有属性，为HTML元素提供更多的信息。其中，属性总是以"名称=值"对的形式出现，如name="value"。例如，使用<body>定义一个包括属性值的HTML文档主体。代码如下所示：

```
<body bgcolor="yellow">              #定义了背景颜色的附加信息
```

> 提示：属性和属性值对大小写不敏感。但是，推荐使用小写属性。另外，属性值应该始终被包括在引号内。通常使用双引号形式，少数情况也可以使用单引号。例如，属性值本身含有双引号，则必须使用单引号。

2.1.4 HTML 5 语法

HTML 5 是最新的HTML标准。该版本主要是增加了很多新特性（元素），又删掉了很多元素。其中，增加的新特性如下所示：

（1）新的语义元素。

（2）新的表单控件。

（3）强大的图像支持。

（4）强大的多媒体支持。

（5）强大的新API。

被删除的元素如下所示：

（1）<acronym>。

（2）<applet>。

（3）<basefont>。

（4）<big>。

（5）<center>。

（6）<dir>。

（7）<font>。

（8）<frame>。

（9）<frameset>。

（10）<noframes>。

（11）<strike>。

（12）<tt>。

2.1.5 HTML 5 基本标记

大家都知道，<html><head><body>三种标记构成了 HTML 文档主体。除了这三种基本标记之外，还有一些常用标记，如文本字符标记、超级链接标记、列表标记。

1. 文本字符标记

文本字符标记通常用来指定文字显示方式和布局方式。常用的文本字符标记见表 2-3 所列。

表 2-3　常用的文本字符标记

标记	标记名称	功能描述
br	换行标记	另起一行开始
hr	换尺标记	形成一个水平标尺
Center	居中对齐标记	文本在网页中间显示；HTML 5 标准已抛弃此标记，但相当长时间内仍然可以用
blockquote	引用标记	引用名言
pre	预定义标记	使源代码的格式显示在浏览器上
hn	标题标记	网页标题有 6 个，分别为 h1~h6
font	字体标记	修饰字体大小、颜色、字体名称；HTML 5 标准已抛弃此标记，但相当长时间内仍然可以用
b	字体加粗标记	文字样式加粗显示
i	斜体标记	文字样式斜体显示
sub	下表标记	文字以下标形式出现
u	底线标记	文字以带底线形式出现
sup	上标标记	文字以上标形式出现
address	地址标记	文字以斜体形式表示地址

2. 超级链接标记

链接是指从一个页面执行一个目标的链接关系。这个目标既可以是一个网页，也可以是本网页的不同位置，还可以是一张图片、一个电子邮箱地址、一份文件，甚至是一个应用程序。在一个网页中作为超级链接的对象，可以是一段文本或是一个图片。一个链接的基本格式如下：

```
<a href="资源地址">热点（链接文字或图片）</a>
```

标记<a>表示一个链接的开始，</a>表示一个链接的结束。描述标记（属性）href 定义了这个链接所指的地方。通过单击热点，就可以到达指定的网页。

3. 列表标记

列表标记可以在网页中以列表形式排序文本元素。列表有三种，即有序列表、无序列表、自定义列表。列表标记见表 2-4 所列。

表 2-4　列表标记

标记	描述
<ul>	无序列表
<ol>	有序列表
<dl>	定义列表
<dt><dd>	定义列表的标记
<li>	列表项目的标记

 # CSS 样式基础

CSS（Cascading Style Sheets，层叠样式表）是一种样式表语言，用来修饰 HTML 文件所呈现的内容。它不仅可以修饰静态网页，还可以结合 Javascript 代码动态地对网页元素进行格式化。在一个网页中，CSS 代码往往和 HTML 混杂在一起。所以，分析网页代码时，必须对 CSS 代码有所了解。本节讲解 CSS 样式基础。

2.2.1　CSS 的作用

在早期网页中，网页元素的宽度、高度、背景、字体等样式都是通过 HTML 元素属性实现。当一个网页中的元素较多时，这些修饰属性代码会大量重复，并和展现内容混杂在一起。而 CSS 语言可以将这些修饰性的内容从 HTML 代码中独立出来，以达到开发者想要的布局效果。同时，在网页中使用 CSS 后有以下几个优点。

（1）保持 HTML 代码的简洁，更容易编排。

（2）用户集中控制同类型的网页元素的样式，避免代码冗余，开发效率更高。

（3）开发者可以将许多网页的风格同时更新，不用再一页一页地更新了。例如，可以将站点上所有的网页风格都使用一个 CSS 文件进行控制。只要修改该 CSS 文件中对应的代码，就可以调整整个站点的所有页面对应的样式。

2.2.2　CSS 代码加载方式

使用 HTML 4.0 或更新版本，HTML 元素相关的格式化代码都可以被提取出来，放在一个独立的样式表中。浏览器会根据该样式表，进行 HTML 文档的格式化。在 HTML 代码中，加载样式表的方法有三种，分别是外部样式表、内部样式表和内联样式。下面将分别介绍这三种方式。

1. 外部样式表

当样式表用于多个页面时，建议使用外部样式表方式。在这种方式中，开发者可以通过改变一个文件来改变整个站点的外观。当使用外部样式表时，每个页面将使用<link>标签链接到样式表。其中，<link>标签用来定义文档与外部资源之间的关系。使用格式如下所示：

```
<head>
<link rel="stylesheet" id="s_superplus_css_lnk" type="text/css"
href="https://ss0.bdstatic.com/5aV1bjqh_Q23odCf/static/superman/
css/super_min_e8edd1e3.css">
</head>
```

以上代码表示浏览器将从文件super_min_e8edd1e3.css中读取样式声明，并根据它来设置文档格式。外部样式表可以使用任何文本编辑器进行编辑，但文件不能包含任何的HTML标签。而且，样式表应该以.css扩展名进行保存。下面是一个使用样式表文件的例子，代码如下所示：

```
hr {color: sienna;}
p {margin-left: 20px;}
body {background-image: url("images/back40.gif");}
```

引用的外部样式表，往往包含文件路径。通过文件路径，可以判断网站文件存放结构。同时，一些常见网站模板（如Discuz!）会使用特定的路径。这些路径信息是识别网站模板类型的重要依据。

2. 内部样式表

当单个文档需要特殊的样式时，就应该使用内部样式表。开发者可以使用<style>标签在文档头部定义内部样式表。其格式如下所示：

```
<head>
<style type="text/css">
  hr {color: sienna;}
  p {margin-left: 20px;}
  body {background-image: url("images/back40.gif");}
</style>
</head>
```

3. 内联样式

当样式仅需要在一个元素上应用一次时，使用内联样式。由于要将表现和内容混杂在一起，内联样式会损失掉样式表的许多优势。所以，用户需要谨慎使用这种样式。如果要使用内联样式，则需要在HTML元素语法中使用<style>属性嵌入。其中，Style属性可以包含任何CSS属性。下面看一个简单的例子，代码如下所示：

```
<p style="color: sienna; margin-left: 20px">
This is a paragraph
</p>
```

4. 多重样式优先级

样式表允许以多种方式规定样式信息。样式可以规定在单个HTML元素中、在HTML网页的头元素中、一个外部的CSS文件中，甚至可以在同一个HTML文档内部引用多个外部样式表。当同一个元素被多个样式定义时，则会遵循一个优先级顺序。一般情况下，所有的样式会根据下面的规则层叠于一个新的虚拟样式表中。其中，内联样式（在HTML元素内部）拥有最高的优先权，如下所示：

（1）浏览器默认设置。

（2）外部样式表。

（3）内部样式表（位于<head>标签内部）。

（4）内联样式（在HTML元素内部）。

2.2.3 CSS基础语法

CSS规则由两个主要的部分构成，分别是选择器及一条或多条声明。语法格式如下：

```
selector {declaration1; declaration2; ... declarationN }
```

在以上语法中，选择器（selector）用来指定针对的元素类型；声明（declaration）用来说明元素的属性，每条声明由一个属性和一个值组成。其中，每个属性有一个值，属性和值之间使用冒号分隔。如果值为若干个单词，则要给值加引号。如果定义多个声明时，则需要使用分号将每个声明分开。而且，声明必须使用花括号来包围，代码如下所示：

```
p {text-align:center; color:"red blue";}
```

1. 值的写法

当用户在定义声明的属性值时，值不同，则写法和单位也不同。例如，设置网页颜色时，除了使用英文单词外，还可以使用十六进制的颜色值，代码如下所示：

```
p { color: #ff0000; }
```

为了节约传输的数据量，还可以使用CSS的缩写形式。

```
p { color: #f00; }
```

另外，开发者还可以通过两种方法使用RGB值，代码如下所示：

```
p { color: rgb(255,0,0); }
p { color: rgb(100%,0%,0%); }
```

> 提示：当使用RGB百分比时，即使当值为0时也要写百分比符号。但是，在其他情况下就不需要了。例如，当尺寸为0像素时，0之后不需要使用px单位。

2. 使用分组

当开发者需要为一个有多个样式的元素创建列表时，写法会很麻烦，而且效率还不高。例如，开发者想要所有h1元素都有红色背景，并使用像素高的Verdana字体显示为蓝色文本。此时，代码如下：

```
h1 {font: 28px Verdana;}
h1 {color: blue;}
h1 {background: red;}
```

此时，开发者可以使用声明分组来实现。当使用声明分组时，需要在各个声明的最后使用分号。此时，浏览器会忽略样式表中的空白符。以上的设置效果使用声明分组后，代码如下所示：

```
h1 {
    font: 28px Verdana;
    color: blue;
    background: red;
    }
```

这样的代码整体看起来比较整洁，而且输入方便。

> 提示：要养成在规则的最后一个声明后加上分号的好习惯。这样，在向规则增加另一个声明时，就不必担心忘记再插入一个分号。

任务 2-1

创建标题为 HTML 测试网页的网页，并使用 CSS 添加背景颜色

任务描述

（1）在头部元素的标题标签中自定义 HTML 网页标题为 "HTML 测试网页"，告诉浏览器展示的网页名称。

（2）在网页主体元素中添加文本内容 "测试网页主体内容"，实现从浏览器中展示网页主体的范围。

（3）使用 CSS 代码修饰网页主体内容的背景颜色。

任务实施

在头部代码的 <title> 标签中，添加 "HTML 测试网页"，在 <body> 标签中添加 "测试网页主体内容"。然后，在头部代码中，使用 <style> 标签添加 CSS 样式。具体代码如下所示：

```
<!DOCTYPE html>
<meta http-equiv="Content-Type" content="text/
html;charset=utf-8"/>
<html>
        <title>HTML测试网页</title>
        <body>
                        测试网页主体内容
        </body>
<style type="text/css">
        body {color:red;background-color: green}
</style>
</html>
```

成功运行以上代码后，效果如图 2-4 所示。从浏览器标题栏中可以看到，网页标题为
"HTML测试网页"。从网页中可以看到，内容为"测试网页主体内容"。其中，字体颜色为红
色，网页背景颜色为绿色。

图 2-4　运行效果

2.3　JavaScript基础

JavaScript 简称 JS，是一种具有函数优先的轻量级、解释型或即时编译型的高级编程语言。
JavaScript 被广泛应用于 Web 应用开发，常用来为网页添加各式各样的动态功能，为用户提供
更流畅美观的浏览效果。通常，JavaScript 脚本是通过嵌入在 HTML 中来实现自身的功能。本节
讲解 JavaScript 基础。

2.3.1　JavaScript 代码形式

JavaScript 作为客户端的脚本语言，主要用途就是帮助 HTML 处理部分交互逻辑。下面介绍
JavaScript 代码形式。

1. 代码嵌入形式

JavaScript 脚本主要是通过嵌入在 HTML 中来实现自身功能的。根据 JavaScript 在 HTML 中加载
方式的不同，嵌入方式可以分为内部引用、外部引用和内联引用。下面分别介绍这三种嵌入方式。

（1）内部引用。通过 <Script></Script> 标记嵌入 JavaScript 中，这是最常用也是最简单的一
种引用方式，可以在 HTML 代码的任何位置嵌入。代码格式如下：

```
<head>
<script type="text/javascript">
document.write("Hello world!");
</script>
</head>
```

成功运行以上代码后，将输出"Hello World!"，如图 2-5 所示。

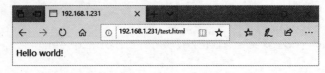

图 2-5　显示效果

（2）外部引用。通过引用 HTML 文件的方式加载 JavaScript 文件，这种方式可以使 HTML 代码更简洁，方便代码复用。代码格式如下：

```
<head>
<script type="text/javascript" src="js文件"> </script>
</head>
```

在以上代码中，src 属性指定的 JS 文件既可以是本地文件，也可以是 URL。另外，JS 文件的后缀名通常为 .js。而且，该文件中一定不能再出现 <script></script> 标签对。

（3）内联引用。通过 HTML 标记的触发事件属性实现。例如，通过 onclick 事件直接调用 JavaScript 代码。在 HTML 中有很多这样的事件属性，往往都是配合 JavaScript 这样的前端脚本语言来使用。代码格式如下：

```
<input type="button" value="" onclick=" alert('你内联引用的方式调用了JavaScript代码');">
```

2. JavaScript 注释

JavaScript 注释用于注释 JavaScript 代码，增强其可读性。另外，JavaScript 注释也可以用于在测试替代代码时阻止执行。在 JavaScript 中，包括单行注释和多行注释。其中，单行注释以 // 开头，任何位于 // 与行末之间的文本都会被 JavaScript 忽略（不会执行）。多行注释以 /* 开头，以 */ 结尾。任何位于 /* 和 */ 之间的文本都会被 JavaScript 忽略。

3. JavaScript 标识符

在 JS 中，所有用户可以自主命名的都可以称之为标识符。例如，变量名、函数名、属性名都属于标识符。标识符可以是短名称，如 x 和 y，或者更具描述性的名称，如 age、sum 等。其中，标识符通常需要遵守如下规则：

（1）标识符中可以含有字母、数字、下划线（_）和美元符号（$）。

（2）标识符不能以数字开头。

（3）标识符不能是 JS 中的关键字或保留字。

（4）JS 标识符对大小写敏感。例如，lastName 和 lastname 是两个不同的变量。

（5）标识符一般都采用驼峰命名法，如 firstName、lastName 等。首字母小写，每个单词的开头字母大写，其余字母小写。

4. JavaScript 保留关键字

保留关键字表面意思就是为将来的关键字扩展使用保留的单词。在 JavaScript 中，一些标识符是保留关键字，不可以用作变量、标签或函数名。JavaScript 保留关键字见表 2-5 所列。

表 2-5　JavaScript 保留关键字

abstract	arguments	await*	boolean
break	byte	case	catch
char	class*	const	continue
debugger	default	delete	do

double	else	enum*	eval
export*	extends*	false	final
finally	float	for	function
goto	if	implements	import*
in	instanceof	int	interface
let*	long	native	new
null	package	private	protected
public	return	short	static
super*	switch	synchronized	this
throw	throws	transient	true
try	typeof	var	void
volatile	while	with	yield

以上表格中，用星号标记的关键词是ECMAScript 5/6中新增加的。另外，在ECMAScript 5/6标准中，删除了一些保留词，见表2-6所列。

表2-6 ECMAScript 5/6标准中删除的保留词

abstract	boolean	byte	char
double	final	float	goto
int	long	native	short
synchronized	throws	transient	volatile

2.3.2 JavaScript数据和变量

JavaScript脚本语言有它自身的基本数据类型、表达式和算术运算符及程序的基本框架结构。下面介绍相关内容。

1. JavaScript数据类型

JavaScript中有6种数据类型，分为5种原始类型（基本数据类型）和1种引用类型。其中，5种原始类型分别为String、Number、Boolean、Null和Undefined；1种引用类型为Object。这6种数据类型含义见表2-7所列。

表2-7 JS中的数据类型含义

数据类型	描述
String	字符串（或文本字符串）类型；其中，字符串需要使用引号包围，可以使用单引号或双引号

续表

数据类型	描述
Number	数值类型;其中,数值包括整数和小数
Boolean	布尔值;该数据类型只有两个值,分别为true或false
Null	表示声明对象为赋值,Null类型的值只有一个,即null,表示空的对象
Undefined	未定义;当声明变量未赋值或访问对象不存在属性时,都会输出undefined
Object	Object类型

下面是几种类型的对应格式:

```
var x;                        #x为Undefined
var x = 5;                    #x为Number
var x = "bob";                #x为String
var x = true;                 #x为Boolean
var x = null;                 #x为Null
```

2. JavaScript内置类型

JavaScript除了前面的数据类型外,还包括许多其他引用类型。用户可以使用new Object()创建和使用自定义对象。内置类型见表2-8所列。

表2-8 JS中的内置类型

类型	描述
Array	数字索引值的有序列表
Date	日期和时间
Error	运行时错误
Function	函数
Object	用于表示所有对象实例的函数类型
RegExp	正则表达式

3. JavaScript的typeof运算符

typeof运算符用来返回变量或表达式的类型。由于JavaScript是松散类型,因此需要有一种方式来检测指定变量的数据类型。typeof运算符对数组返回object,因为在JavaScript中数组属于对象。另外,JavaScript没有值的编号,返回值为undefined。所以,typeof也返回undefined。对于原始数据,typeof运算符可返回以下原始类型之一。

(1)string:字符串。

(2)number:数字。

(3)boolean:布尔值。

(4)undefined:值未定义。

例如，下面是一些原始数据类型，如下所示：

```
typeof "Tom"                    #返回 "string"
typeof 3.14                     #返回 "number"
typeof true                     #返回 "boolean"
typeof false                    #返回 "boolean"
typeof x                        #返回 "undefined" (x没有值)
```

对于复杂数据，typeof运算符可返回以下两种类型之一。

（1）function：函数。

（2）object：数组、对象或null。

typeof运算符把数组、对象或null返回object。但是，它不会把函数返回object。例如，下面是一些复杂数据类型：

```
typeof {name:'Tom', age:62}     #返回 "object"
typeof [1,2,3,4]                #返回 "object"
typeof null                     #返回 "object"
typeof function myFunc(){}      #返回 "function"
```

4. JavaScript中Null、Undefined和NaN的区别

前文已介绍Null和Undefined类型类似，都可以看作是空值，但是含义不同。Null和Undefined数值上可以看作相等，但是从数据类型上判断，这两个值不相等。NaN与任何值都不相等，与自己也不相等。下面分别介绍它们的区别。

Null是一种特殊的object，表示没有对象，即该处不应该有值。例如，以下代码返回的数据类型为Null：

```
var a = null; console.log("a的数据类型为"+ typeof(a));
```

以上代码将输出a的数据类型为object。

Undefined表示缺少值，就是此处应该有一个值，但是还没有定义。例如，以下代码返回的数据类型为Undefined：

```
var b; console.log("b的数据类型为"+ typeof(b));
```

以上代码中变量b没有定义值，所以输出b的数据类型为Undefined。

NaN（Not a Number，即不是一个数字）是一种特殊的Number类型，用于指示某个值不是数字。例如，以下代码返回的数据类型为NaN：

```
var c = NaN; console.log("c的数据类型为"+ typeof(c));
```

以上代码将输出c的数据类型为Number。

5. JavaScript变量

JavaScript变量是存储数据值的容器。JavaScript是一种脚本语言，不需要编译，直接使用浏览器中的JS解释器解释执行。JavaScript是一种弱类型的语言，不像Java语言在程序编译阶段就确定变量的数据类型。例如，int age = 10;在程序编译阶段age变量的类型就被确定为int类

型。变量可以存放数值和表达式，格式为name=value。在JavaScript中，创建变量通常称为"声明"变量。例如，使用var关键词来声明变量，如下所示：

```
var username;
```

变量声明之后，该变量是空的，即没有值。所以，接下来需要向变量赋值。例如，这里为变量赋值为"Tom"，如下所示：

```
username="Tom";
```

用户也可以在声明变量时，直接赋值，如下所示：

```
var username="Tom";
```

在JavaScript一条语句中，可以同时声明多个变量，变量之间使用逗号分隔，如下所示：

```
var username="Tom",age="35",job="author";
```

注意：在一条语句中声明的多个变量不可以同时赋一个值，如var x,y,z=1。如果用户声明的变量无值的话，其值实际上是undefined，如"var username;"。

如果重新声明JavaScript变量，该变量的值不会丢失。例如，以下两条语句中，变量username的值仍然是"Tom"，如下所示：

```
var username="Tom";
var username;
```

每一个变量都是有作用域的，所谓作用域就是变量的作用范围，在哪个范围是有效的。根据变量出现的位置，可以分为全局变量和局部变量。例如，下面代码中分别使用了全局变量和局部变量：

```
<html>
    <head>
        <title>var_01</title>
        <script language="javascript">
            var ename1 = "SMITH";            #全局变量
            function testVar1(){             #这是一个函数
                var ename2 = "KING";        #局部变量
                alert(ename1);              #SMITH
                alert(ename2);              #KING
            }
            testVar1();                      #调用函数
            alert(ename1);
            //alert(ename2);                 #无法访问

            function testVar2(){
                var ename1 = "FORD";
                alert(ename1);              #就近原则
```

```
        dname = "ACCOUNT";        #不带有var关键字的变量
                                  #一定是全局变量
    }
    testVar2();
    alert(dname);
  </script>
 </head>
</html>
```

实例 2-2　下面使用关键词 var 声明三个变量 x、y 和 z。其中，z 为 x 和 y 的和，输出 z 的值。

```
<!DOCTYPE html>
<html>
<body>
<h1>JavaScript Variable</h1>
<p id="demo"></p>
<script>
var x = 7;
var y = 8;
var z = x + y;
document.getElementById("demo").innerHTML = z;
</script>
</body>
</html>
```

成功运行以上代码后，将显示 z 的值为 15，如图 2-6 所示。

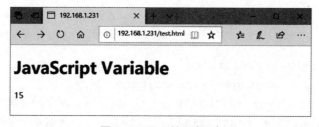

图 2-6　显示效果（一）

2.3.3 JavaScript 运算符

JavaScript 和其他编程语言一样，也有自己的运算符。在 JavaScript 中，常见的运算符有算数运算符、赋值运算符、字符串运算符、比较运算符、逻辑运算符、类型运算符和位运算符。下面分别介绍 JavaScript 的运算符类型。

1. 算数运算符

算数运算符用于对数字执行算数运算。其中，常见的算数运算符见表 2-9 所列。

表 2-9　常见的算数运算符

运算符	描述
+	加法
-	减法
*	乘法
/	除法
%	系数
++	递加
--	递减

2. 赋值运算符

赋值运算符用于向 JavaScript 变量赋值。其中，常见的赋值运算符见表 2-10 所列。

表 2-10　常见的赋值运算符

运算符	示例	等价于
=	x = y	x = y
+=	x += y	x = x + y
-=	x -= y	x = x - y
*=	x *= y	x = x * y
/=	x /= y	x = x / y
%=	x %= y	x = x % y

3. 字符串运算符

在 JavaScript 中，"+"运算符和"+="赋值运算符可用于对字符串进行相加。例如，使用"+"运算符对字符串进行相加，如下所示：

```
txt1 = "Tom";
txt2 = "Cat";
txt3 = txt1 + " " + txt2;
```

以上代码执行后，txt3 结果为 Tom Cat。

使用"+="赋值运算符对字符串进行相加，如下所示：

```
txt1 = "Tom";
txt1 += "Cat";
```

以上代码执行后，txt1 的结果为 Tom Cat。

当字符串和字符串相加时，返回字符串。当数字和数字相加时，将返回两个数字的和。当字符串和数字相加时，将返回一个字符串。下面看一个字符串与数字相加的代码：

```
x = 7 + 8;
y = "7" + 8;
z = "Hello" + 7;
```

成功运行以上代码后，x、y和z的结果如下所示：

```
15
78
Hello7
```

4. 比较运算符

JavaScript 中常见的比较运算符见表 2-11 所列。

表 2-11 常见的比较运算符

运算符	描述
==	等于
===	等值等型
!=	不相等
!==	不等值或不等型
>	大于
<	小于
>=	大于或等于
<=	小于或等于
?	三元运算符

5. 逻辑运算符

JavaScript 中常见的逻辑运算符见表 2-12 所列。

表 2-12 常见的逻辑运算符

运算符	描述
&&	逻辑与
||	逻辑或
!	逻辑非

6. 类型运算符

JavaScript 中常见的类型运算符见表 2-13 所列。

表 2-13 常见的类型运算符

运算符	描述
typeof	返回变量的类型
instanceof	返回 true，如果对象是对象类型

7. 位运算符

位运算符处理 32 位数。该运算中的任何数值运算数都会被转换为 32 位的数，结果会被转换回 JavaScript 数。常见的位运算符见表 2-14 所列。

表 2-14 常见的位运算符

运算符	描述	示例	等价于	结果	十进制
&	与	5 & 1	0101 & 0001	0001	1
		或	5	1	0101	0001	0101	5
~	非	~ 5	~0101	1010	10
^	异或	5 ^ 1	0101 ^ 0001	0100	4
<<	零填充左位移	5 << 1	0101 << 1	1010	10
>>	有符号右位移	5 >> 1	0101 >> 1	0010	2
>>>	零填充右位移	5 >>> 1	0101 >>> 1	0010	2

2.3.4 JavaScript 流程控制语句

在所有的编程语言中，都是由一条条语句组成的。其中，这些语句执行的顺序就是通过控制语句来实现的。在 JS 的流程控制语句中，可以分为条件控制语句、循环控制语句和其他语句三种类型。

1. 条件控制语句

条件控制语句用于基于不同的条件来执行不同的动作。在 JavaScript 中，可以使用以下条件语句。

（1）if 语句。if 语句只有当指定条件为 true 时，该语句才会执行代码。语法格式如下：

```
if (condition)
{
    当条件为 true 时执行的代码
}
```

注意，这里的 if 需要使用小写。如果写成大写字母 IF，会出现 JavaScript 错误。

例如，当分数大于 90 时，输出 Good。代码如下所示：

```
<!DOCTYPE html>
<html>
```

```
<body>
<h2>JavaScript if</h2>
<p id="demo"></p>
<script>
var grade=95;
if (grade>90){
        grade="Good";
        document.getElementById("demo").innerHTML= grade;
}
</script>
</body>
</html>
```

访问以上代码后，将输出 Good，效果如图 2-7 所示。由于指定的变量值为 95，大于 50，所以输出 Good。

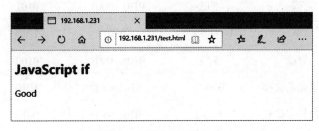

图 2-7　显示效果（二）

（2）if…else 语句。if…else 语句在条件为 true 时执行代码，在条件为 false 时执行其他代码。语法格式如下：

```
if (condition)
{
    当条件为 true 时执行的代码
}
else
{
    当条件不为 true 时执行的代码
}
```

例如，当分数大于 90，输出 Good，否则输出 Bad，如下所示：

```
<!DOCTYPE html>
<html>
<body>
<h2>JavaScript if</h2>
<p id="demo"></p>
<script>
var grade=88;
if (grade>90){
```

```
        grade="Good";
}
else
{
    grade="Bad";
}
        document.getElementById("demo").innerHTML= grade;
</script>
</body>
</html>
```

在以上代码中，指定grade变量值为88。由于该值小于90，所以输出Bad，效果如图2-8
所示。

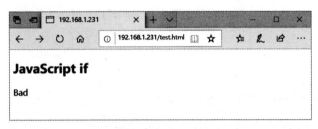

图 2-8　显示效果（三）

（3）if…else if…else语句。if…else if…else语句用来选择多个代码块之一来执行。语法格式
如下：

```
if (condition1)
{
    当条件 1 为 true 时执行的代码
}
else if (condition2)
{
    当条件 2 为 true 时执行的代码
}
else
{
  当条件 1 和 条件 2 都不为 true 时执行的代码
}
```

例如，当分数大于90时，输出Very Good，如果分数大于80小于90时，输出Good，否则，
输出Bad。代码如下所示：

```
<!DOCTYPE html>
<html>
<body>
<h2>JavaScript if</h2>
<p id="demo"></p>
```

```
<script>
var grade=98;
if (grade>90){
        grade="Very Good";
}
else if (grade>=80 && grade<90)
{
        grade="Gppd";
}
else
{
        grade="Bad";
}
        document.getElementById("demo").innerHTML= grade;
</script>
</body>
</html>
```

以上代码中，定义 grade 变量值为 98，所以输出 Very Good，显示效果如图 2-9 所示。

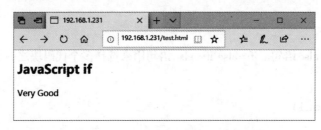

图 2-9　显示效果（四）

（4）switch 语句。switch 语句用于基于不同条件来执行不同的动作。语法格式如下：

```
switch(n)
{
    case 1:
        执行代码块 1
        break;
    case 2:
        执行代码块 2
        break;
    default:
        与 case 1 和 case 2 不同时执行的代码
}
```

以上代码中，n 通常是一个变量。然后，表达式中的值与结构中的 case 值进行比较。如果存在匹配，则执行与该 case 关联的代码块。break 表示阻止代码自动地向下一个 case 运行。default 用来规定匹配不存在时执行的代码。

例如，下面使用 var 声明一个变量名 grade，值为 80。然后，设置值为 80 输出 Good，值为

90 输出 Very Good，否则，输出 Bad。其代码如下所示：

```html
<!DOCTYPE html>
<html>
<body>
<h1>JavaScript Switch</h1>
<p id="demo"></p>
<script type="text/javascript">
var grade = 80;
switch (grade) {
        case 80:
        text ="Good";
        break;
        case 90:
        text ="Very Good";
        break;
        default:
        text ="Bad";
}
document.getElementById("demo").innerHTML = text;
</script>
</body>
</html>
```

以上代码中，定义了 grade 变量值为 80，符合第一个条件，所以输出 Good，显示效果如图 2-10 所示。

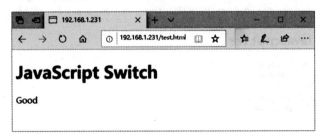

图 2-10 显示效果（五）

2. 循环控制语句

循环控制语句可以将代码块执行指定的次数。在 JavaScript 中，可以使用以下循环控制语句。

（1）for 循环。for 用于循环代码块一定的次数。其中，语法格式如下：

```
for (参数 1；参数 2；参数 3)
{
    被执行的代码块
}
```

以上语法中，包括三个参数。每个参数含义如下所示。

①参数 1：表示代码块开始前执行。

②参数 2：表示定义运行循环代码块的条件。

③参数 3：表示在循环代码块已被执行之后执行。

下面使用 for 循环语句实现数字递增。其中，初始值为 0，当值小于 5 时，输出对应的数字。代码如下所示：

```html
<!DOCTYPE html>
<html>
<body>
<h2>JavaScript For</h2>
<p id="demo"></p>
<script>
var text = "";
for (var i=0; i<5; i++)
{
    text += "The number is"  + i + "<br>";
}

    document.getElementById("demo").innerHTML= text;
</script>
</body>
</html>
```

成功运行以上代码后，将依次输出数字 0~4，显示效果如图 2-11 所示。

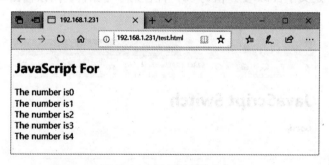

图 2-11　显示效果（六）

（2）for…in 循环。for…in 循环语句用于对数组或对象的属性进行循环操作。在 for…in 循环中的代码每执行一次，就会对数组的元素或对象的属性进行一次操作。语法格式如下：

```
for (变量 in 对象)
{
    在此执行代码
}
```

其中，指定的变量既可以是数组元素，也可以是对象的属性。

下面使用 for…in 循环遍历数组。代码如下所示：

```
<!DOCTYPE html>
<html>
<body>
<script type="text/javascript">
var x
var mycars = new Array()
mycars[0] = "BaoMa"
mycars[1] = "Black"
mycars[2] = "4500mm"
for (x in mycars)
{
document.write(mycars[x] + "<br />")
}
</script>
</body>
</html>
```

成功运行以上代码后，将依次输出数组中的内容，显示效果如图 2-12 所示。

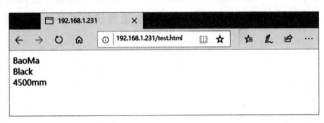

图 2-12　显示效果（七）

（3）while 循环。while 循环会在指定条件为真时循环执行代码块。其中，语句格式如下：

```
while (条件)
{
    需要执行的代码
}
```

下面使用 while 循环语句，指定当变量值小于 5 时，输出对应的数字。代码如下所示：

```
<!DOCTYPE html>
<html>
<body>
<h2>JavaScript While</h2>
<p id="demo"></p>
<script>
var text = "";
var i=0;
while (i<5)
{
    text += "The number is"  + i + "<br>";
```

```
        i++;
}
        document.getElementById("demo").innerHTML= text;
</script>
</body>
</html>
```

成功运行以上代码后，将依次输出数字 0~4，显示效果如图 2-13 所示。

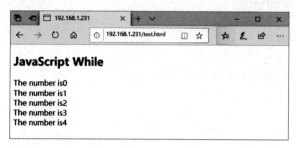

图 2-13　显示效果（八）

（4）do…while 循环。do…while 循环是 while 循环的变体。该循环会在检查条件是否为真之前执行一次代码块。然后，如果条件为真的话，就会重复这个循环。语法格式如下：

```
do
{
    需要执行的代码
}
while (条件);
```

下面使用 do…while 循环语句，实现当变量值小于 5 时，输出对应的数字。代码如下所示：

```
<!DOCTYPE html>
<html>
<body>
<h2>JavaScript Do While</h2>
<p id="demo"></p>
<script>
var text = "";
var i=0;
do
{
    text += "The number is"  + i + "<br>";
        i++;
}
while (i<5);
        document.getElementById("demo").innerHTML= text;
</script>
</body>
</html>
```

成功运行以上代码后，将依次输出数字 0~4，效果如图 2-14 所示。

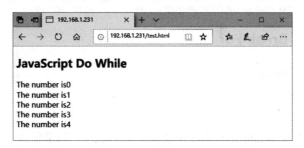

图 2-14　显示效果（九）

3. 其他语句

除了前面介绍的条件控制语句和循环控制语句外，JavaScript 还支持两种语句，分别是 break 语句和 continue 语句。这两种语句都用于在循环中精确地控制代码的执行。下面分别介绍这两种语句。

（1）break 语句。break 语句用于跳出循环。break 语句跳出循环后，如果后面有语句会继续执行该循环之后的代码。

例如，下面对变量 i 进行循环执行。当 i 值为 3 时，使用 break 语句跳出循环，继续执行循环之后的代码。代码如下所示：

```html
<!DOCTYPE html>
<html>
<body>
<h1>Break For</h1>
<p id="demo"></p>
<script type="text/javascript">
var text="";
for (var i=0;i<10;i++)
{
        if (i ===3){break;}
        text += "The number is" + i + "<br>";
}
document.getElementById("demo").innerHTML=text;
</script>
</body>
</html>
```

成功运行以上代码后，将不会输出数字 3，并且大于 3 小于 10 的数字也不会输出，效果如图 2-15 所示。从输出的信息可以看到，仅输出了数字 0、1 和 2。当值为 3 时，跳出循环，所以，程序不会继续循环条件 i<10 的输出。

图 2-15　显示效果（十）

（2）continue语句。continue语句用于中断循环中的迭代。如果出现了指定的条件，然后继续循环中的下一个迭代。

例如，下面对变量i进行循环执行。当i值为3时，使用continue语句中断循环，并继续执行下一个循环。代码如下所示：

```
<!DOCTYPE html>
<html>
<body>
<h1>Continue For</h1>
<p id="demo"></p>
<script type="text/javascript">
var text="";
for (var i=0;i<=10;i++)
{
        if (i ===3) continue;
        text += "The number is" + i + "<br>";
}
document.getElementById("demo").innerHTML=text;
</script>
</body>
</html>
```

运行以上代码后，会跳过数字3，但是会输出大于3小于等于10的数字，效果如图2-16所示。从该图中可以看到，输出的数字由于continue语句会继续执行循环，所以输出了后续循环的数字。

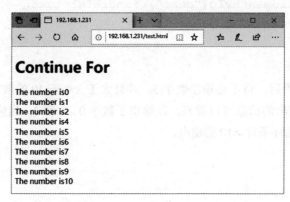

图 2-16　显示效果（十一）

2.3.5 JavaScript 函数

JavaScript 函数是由事件驱动的或当它被调用时执行的可重复使用的代码块。JavaScript 函数通过 function 关键词进行定义，其后是函数名和括号 ()。其中，函数名可以包含字母、数字、下划线和美元符号；括号中可以包括由逗号分隔的参数。语法格式如下：

```
function functionname(参数1,参数2,参数3)
{
    // 执行代码


}
```

当调用该函数时，会执行函数内的代码。函数参数是在函数定义中所列的名称，或是当调用函数时由函数接收的真实的值。

下面通过使用 JavaScript 函数实现两个数的乘积。代码如下所示：

```
<!DOCTYPE html>
<html>
<body>
<h1>JavaScript Function</h1>
<p id="demo"></p>
<script type="text/javascript">
var text=number(3,5);          #调用函数，返回值被赋值给 text
function number(a,b){
        return a*b;            #返回 a 和 b 的乘积
}
document.getElementById("demo").innerHTML=text;
</script>
</body>
</html>
```

成功运行以上代码后，将会显示数字 3 和 5 的乘积 15，效果如图 2-17 所示。

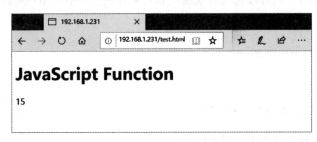

图 2-17　显示效果（十二）

2.3.6 JavaScript 对象

JavaScript 对象是被命名值的容器。在 JavaScript 对象中，值的格式为"名称:值"。其中，名称:值被称为属性。前面介绍过，JavaScript 变量是数据的容器。对象也是变量，但是对象包含很多值。另外，对象也可以有方法。方法是在对象上执行的动作。方法以函数定义被存储在属性中。

下面是使用JavaScript对象的一段代码，如下所示：

```
<!DOCTYPE html>
<html>
<body>
<h1>JavaScript Object</h1>
<p id="demo"></p>
<script type="text/javascript">
var person = {
  firstName: "Tom",
  lastName : "Cat",
  age       : 88,
};
document.getElementById("demo").innerHTML = person.firstName +
"is" + person.age + "years old.";
</script>
</body>
</html>
```

当访问以上代码后，将输出读取的对象person.firstName和person.age，效果如图2-18所示。

图 2-18　显示效果（十三）

当用户定义对象后，则可以访问对象属性和对象方法。其中，用户可以使用两种方式访问对象属性，如下所示：

objectName.propertyName

或

objectName["propertyName"]

访问对象方法也有两种方法，如下所示：

objectName.methodName()

或

name = person.fullName();

当访问对象方法时，如果不使用()，则返回函数定义，代码如下所示：

```
name = person.fullName;
```

知识拓展

1. XHTML的概念

XHTML是以XML格式编写的HTML。XML是一种必须正确标记，格式更为严格的标记语言。XHTML是结合了XML和HTML的优点开发的HTML标准。

2. XHTML文档结构

（1）XHTML DOCTYPE是强制性的。

（2）<html>中的XML namespace属性是强制性的。

（3）<html>、<head>、<title>及<body>也是强制性的。

3. XHTML元素语法

（1）XHTML元素必须正确嵌套。

（2）XHTML元素必须始终关闭。

（3）XHTML元素必须小写。

（4）XHTML文档必须有一个根元素。

4. XHTML属性语法

（1）XHTML属性必须使用小写。

（2）XHTML属性值必须使用引号引起来。

（3）XHTML属性最小化也是禁止的。

本章习题

一、选择题

（1）HTML 中的 <body></body> 标记用来定义（　　　）。

A. 头部内容　　　　　B. 网页标题　　　　　C. 主体内容　　　　　D. 文本内容

（2）HTML 的文档 <title></title> 标记用于定义（　　　）。

A. 单元格　　　　　B. 区块　　　　　C. 水平线　　　　　D. 窗口标题

二、填空题

（1）HTML 的结构包括 _____ 和 _____。

（2）CSS 样式表添加的方式有 _____、_____ 和 _____。

三、判断题

（1）开发者可以通过<!DOCTYPE>指令来声明网页所使用的HTML的版本。（　　　）

（2）JavaScript支持的注释符有 #、// 和 /*...*/。（　　　）

四、操作题

创建一个HTML网页文件test.html，其网页内容为"新的测试网页"。

第3章

表单处理

网站程序要想实现用户交互，除了超链接之外，最重要的手段就是表单。表单本身是HTML提供的用于和服务器端交互的一系列标记。在数据提交之前，所有开发都是关于HTML的，不在PHP的范畴内。但由于表单和服务器端程序之间的密切关系，在PHP的学习中，表单也占据了重要的位置。本章将详细说明表单的构成及PHP对表单数据的接收和处理。

表单数据
提交与获取

表单处理
上传文件

知识入门

1. Web表单的概念

Web表单主要用于为用户提供信息录入的平台，也为应用程序提供数据采集的入口。用户填写完表单数据后（如登录信息、注册信息等），系统会将表单提交到服务器端的应用程序进行处理，应用程序处理后将结果返回客户端并显示在浏览器中。

一个完整的能够实现交互功能的表单，一般由form标记和包含在form标记中的表单元素构成。form标记有两个常用属性，即action和method。其中，action属性表示表单数据传递到的网页地址；method属性表示用什么方法传递数据。例如：

```
<form action="/index.php" method="get"> </form>
```

上面的代码意味着该表单将以GET方法向/index.php页面传递数据。method属性可选值一般有GET和POST。这两种表单数据传递方式，将在后面详细说明。

2. 表单数据提交方法

GET与POST是常见的表单数据提交方法。GET方法为默认方法，是通过URL传递数据给程序，数据容量小，并且数据暴露在URL中，非常不安全。例如，我们在上网时经常看到浏览器地址栏里会有类似这样的地址：

```
http://www.abcd.com/index.php?name=zhangsz&pass=zhangsz123
```

其中，问号后面的部分是由多个&分隔的数据对组成。每一对是一个URL参数。等号前面是参数名，等号后面是参数值。URL参数是向服务器端传递数据的常用方法，而这种方法既可以用超级链接实现，也可以由method属性定义为"get"的表单实现。

POST方法是常用方法，是将表单中的数据放在form的数据体中，按照变量和值相对应的方式，传递到action所指向的程序。POST方法能传递大容量的数据，并且所有操作对用户来说都是不可见的，非常安全。如果想要使用POST方法提交数据，将method属性定义为"post"即可实现。

循序渐进

3.1 Web表单设计

表单是一个包含表单元素的区域。表单元素允许用户在表单中输入内容，如文本域、下拉列表、单选框、复选框等。Web 表单由表单标签和表单控件组成，本节将讲解 Web 表单设计。

3.1.1 创建表单标签

表单标签由 \<form\>\</form\> 组成，定义了表单提交的目标处理程序和数据提交方式。语法格式如下：

```
<form>
name="表单名称" action="目标处理程序url" method="post|get"
enctype="编码格式"
...
</form>
```

以上语法中的属性及其含义如下所示。

（1）name：表单名称。

（2）action：设置当前表单数据提交的目标处理程序路径。

（3）method：设置当前表单数据提交方式，可为 GET 或 POST。

（4）enctype：编码格式。当表单中需要上传文件时，应设置为 multipart 或 form-data。

3.1.2 表单控件

表单控件是提供一组允许用户操作的控件，从而接收用户输入的数据。在 HTML 中，表单控件存在于表单标签 \<form\> 和 \</form\> 之间。常见的表单控件包括文本框、密码框、隐藏域、文件域、复选框、提交按钮、重置按钮、普通按钮、下拉列表框和多行文本框。编码格式主要有输入域标记 \<input\>、下拉列表框 \<select\> 和多行文本框 \<textarea\> 等。

1. 输入域标记 \<input\>

\<input\> 是表单中常用的标记，语法格式如下：

```
<input type="控件类型" name="控件名称" />
```

input 标记中的属性及其含义如下所示。

（1）name：表单控件名称。该属性作为传递数据的变量名，而且是必须属性。

（2）type：表单控件类型，常见的值如下。

①text（文本框）：提供普通的信息输入。

②password（密码框）：当信息输入时，将以星号 "*" 或其他符号显示。

③hidden（隐藏域）：用于保存特定信息，对用户不可见。表单提交时将同时提交隐藏域的值。

④file（文件域）：选择要上传的文件（设置表单标签属性 enctype=multipart/form-data）。

⑤radio（单选按钮）：提供一个选项组，同一组内单选框之间相互排斥，只能单选。

⑥checkbox（复选框）：提供一个选项组，可以多选。同组单选/复选框的 name 属性值应该相同。

⑦submit（提交按钮）：用于将表单提交到目标处理程序。

⑧button（普通按钮）：默认单击该按钮无反应，常与 JavaScript 结合使用。

⑨reset（重置按钮）：清除表单中输入的所有信息，将表单恢复到初始状态。

2. 下拉列表框 <select>

下拉列表框由 <select> 和 <option> 组成，语法格式如下：

```
<select name="控件名称" size="显示列表项个数" multiple>
<option value="value1" selected>选项 1</option>
<option value="value2">选项 2</option>
<option value="value3">选项 3</option>
</select>
```

select 标记中的属性及其含义如下所示。

（1）name：表单控件名称。

（2）size：设置下拉框显示的列表行数，值为 1 时为下拉框，值大于 1 时为列表框。

（3）multiple：设置下拉列表框是单选还是多选，multiple 代表允许多项。

（4）selected：默认选中项。

3. 多行文本框 <textarea>

<textarea> 标签用于编写多行文本框，让用户可以输入更多信息。语法格式如下：

```
<textarea name="控件名称" rows="行数" cols="列数" value="默认值">
...文本内容
</textarea>
```

textarea 标记中的属性及其含义如下所示。

（1）name：表单控件的名称。

（2）rows：设置多行文本框的行数。

（3）cols：设置多行文本框的列数，以字符为单位。

（4）value：设置文本域默认的值。

🔷 任务 3-1

创建一个简单的用户登录表单

任务描述

下面使用 GET 提交方法，创建一个简单的用户登录表单。

任务实施

使用代码将创建用户登录表单：

```
<form action="index.php" method="get">
<p>
用户名:<br />
<input type="text" name="name" value="zhangsz" size="20" />
</p>
<p>
密码:<br />
```

```
<input type="password" name="pass" value="zhangsz123" size="20"
/>
</p>
<p>
<input type="submit" value="提交" />
</p>
</form>
```

成功运行以上代码后，将打开用户登录界面，如图 3-1 所示。

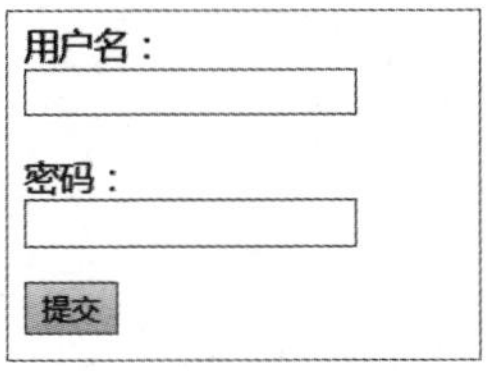

图 3-1 用户登录界面

3.2 表单数据提交与获取

用户输入数据到表单控件后，单击"提交"按钮，表单会将数据提交到后台程序。表单标签 <form></form> 中的 method 属性用于设置数据提交的方式。表单数据的提交方法有两种，分别为 GET 和 POST。本节将分别讲解使用这两种方法提交和获取表单数据。

3.2.1 POST方法提交和获取表单数据

POST方法不会将传递的表单数据显示在地址栏中，安全性高。语法格式如下：

```
<form name="表单名称" action="目标处理程序页面" method="post">
...
</form>
```

使用 $_POST[] 全局变量获取表单提交数据的语法格式如下：

```
$_POST['表单控件名称'];
```

实例 3-1 下面演示使用POST方法提交表单信息到服务器，然后在服务器端获取提交的表单数据并显示。

（1）创建PHP文件post.php，添加一个表单，分别添加用户名文本框、密码框和提交按钮。具体代码如下：

```
<html>
<head><title>POST方法提交和获取表单数据</title></head>
<body>
<form name="form1" action="post_do.php" method="post">
```

```
    会员登录
    <br/>用户名:<input type="text" name="text_username"/>
    <br/>密　码:<input type="password" name="text_pwd"/>
    <br/><input type="submit" value="登录"/>
</form>
</body>
</html>
```

（2）创建PHP文件post_do.php，用于接收并处理由post.php页面表单提交的数据。具体代码如下：

```
<html>
<body>
<?php
    $username=$_POST["text_username"];    //获取提交的值并且赋值给变量
                                          //username
    $pwd=$_POST["text_pwd"];
    echo "<script>alert('提交的用户名是".$username.",密码是". $pwd.
"')
    </script>";
?>
</body>
</html>
```

（3）在浏览器地址栏中输入http://127.0.0.1/post.php，将显示一个会员登录界面，如图3-2所示。

（4）在会员登录页面中分别填写用户名、密码，单击"登录"按钮，进入post_do.php界面。此时，PHP程序将获取到提交的数据并显示，运行结果如图3-3所示。从该界面可以看到，登录的用户名为测试，密码为123456。

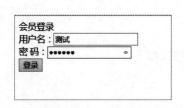
图3-2　POST方法提交表单

图3-3　POST方法获取表单数据

3.2.2 GET方法提交和获取表单数据

GET方法将传递的表单数据显示在地址栏中，但安全性低。语法格式如下：

```
<form name="表单名称" action="目标处理程序页面" method="get">
...
</form>
```

使用$_GET[]全局变量获取表单提交数据的语法格式如下：

$_GET["表单控件名称"];

实例 3-2 下面演示使用GET方法提交表单信息到服务器，然后在服务器端获取提交的表单数据并显示。

（1）创建PHP文件get.php，添加一个表单，分别添加用户名文本框、密码框和提交按钮。具体代码如下：

```
<html>
<head><title>GET方法提交和获取表单数据</title></head>
<body>
<form name="form1" action="get_do.php" method="get">
    会员登录
    <br/>用户名：<input type="text" name="text_username"/>
    <br/>密　码：<input type="password" name="text_pwd"/>
    <br/><input type="submit" value="登录"/>
</form>
</body>
</html>
```

（2）创建PHP文件get_do.php，用于接收并处理由get.php页面表单提交的数据。具体代码如下：

```
<html>
<body>
<?php
    $username=$_GET["text_username"];        //获取提交的值并赋值给变量
username
    $pwd=$_GET["text_pwd"];
    echo "<script>alert('提交的用户名是".$username.", 密码是". $pwd.
"')
    </script>";
?>
</body>
</html>
```

（3）在浏览器地址栏中输入http://127.0.0.1/get.php，将显示一个会员登录界面。

（4）在会员登录页面中分别填写用户名"测试"、密码"123456"，单击"登录"按钮，进入get_do.php界面。此时，PHP程序将获取到提交的数据并显示。在地址栏中可以看到，GET提交方式的URL为：

```
http://127.0.0.1/get_do.php?text_username=%E6%B5%8B%E8%AF%95&tex
t_pwd=123456
```

从以上URL中可以看出，"?"后面的字符串为提交的表单数据，可以同时提交多个表单数据（参数）。"text_username" 和 "text_pwd" 分别是用户名文本框和密码框，它们作为提交的数据变量名，%E6%B5%8B%E8%AF%95 和 123456 分别为提交的数据值。

> 提示：在上例中 text_username 参数值 %E6%B5%8B%E8%AF%95 为编码后的值。在 URL 地址中，只能使用英文字母、阿拉伯数字和某些标点符号，不能使用其他文字和符号。在该例子中输入的用户名"测试"为中文，所以需要进行转码后才可以传输。如果希望查看编码前的参数值，可以通过一些在线 URL 编码／解码工具实现。例如，通过 https://tool.chinaz.com/Tools/URLEncode.aspx 网址进行在线 URL 解码。在 URL 编码／解码文本框中，输入解码的内容，单击"UrlDecode 解码"按钮，即可解码，如图 3-4 所示。
>
>
>
> 图 3-4　URL 解码成功

POST 方法和 GET 方法虽然都是用于表单传递，但具有本质的区别。为了使用户更好地选择方法，这里介绍它们之间的区别。

（1）在传递原理上，GET 方法使用 URL 参数传递；而 POST 方法是通过 HTTP 的 POST 方式，将数据存放在 HTML 表头中提交到服务器的。因此，GET 方法使用的是用户可见的 URL 地址，所有的数据都可见；而用 POST 方法传递数据的过程中，数据不可见。因此，从安全性方面，POST 方法要高于 GET 方法。

（2）GET 方法传递的数据受到浏览器地址栏字符容量的制约，提交的数据量不能太大；而 POST 方法传递的数据，则没有该制约，可以提交更复杂的数据。因此，建议开发者（除非有特殊需求）尽可能地选择 POST 方法传递表单数据。

3.2.3　表单数据的获取

PHP 使用 $_POST 和 $_GET 分别获取使用 POST 和 GET 方法提交的表单数据。这里将详细介绍 PHP 中获取表单控件提交的值的方法，以 POST 提交方法为例进行讲解。

1. 获取文本框、密码框的值

文本框、密码框控件的 HTML 写法如下：

```
文本框：<input type="text" name="txt1" />
密码框：<input type="password" name="txt2" />
```

文本框、密码框控件值的获取如下：

```
获取文本框的值：$_POST['txt1']
获取密码框的值：$_POST['txt2']
```

2. 获取单选框的值

单选框控件的 HTML 写法如下：

单选框：`<input type="radio" name="sex" value="男" checked="checked" />`男
`<input type="radio" name="sex" value="女" />`女

单选框控件值的获取如下：

获取单选框的值：`$_POST['sex']`

3. 获取复选框的值

复选框控件的 HTML 写法如下：

复选框：`<input type="checkbox" name="interest[]" value="唱歌" />`唱歌
`<input type="checkbox" name="interest[]" value="跳舞" />`跳舞
`<input type="checkbox" name="interest[]" value="登山" />` 登山
`<input type="checkbox" name="interest[]" value="旅游" />`旅游
`<input type="checkbox" name="interest[]" value="购物" />`购物

复选框控件值的获取。注意，复选框可以有多个值，因此是数组类型。

获取复选框的值：
```
$arr=$_POST['interest'];
foreach($arr as $i)
{
    echo $i;
}
```

4. 获取下拉列表框的值

下拉列表框控件的 HTML 写法如下：

下拉列表框：`<select name="education">`
`<option>大专</option>`
`<option>本科</option>`
`<option>硕士</option>`
`<option>博士</option>`
`</select>`

下拉列表框控件值的获取。

获取下拉列表框的值：`$_POST['education']`

5. 获取多行文本框的值

多行文本框控件的 HTML 写法如下：

多行文本框：`<textarea name="intro" cols="50"> </textarea>`

多行文本框控件值的获取如下：

获取多行文本框的值：$_POST['intro']

实例 3-3　使用代码实现会员注册信息的获取和输出功能。会员填写完个人信息后，单击"注册"按钮，将信息提交到服务器端程序，服务器端程序获取数据并进一步处理，然后将信息输出到客户端浏览器中。

（1）创建 PHP 文件 3.php，代码如下所示：

```
<html>
<head><title>会员注册</title></head>
<body>
<form name="form1" method="post" action="3_do.php">
<table border="1">
    <tr><td colspan="2" align="center">会员注册</td></tr>
    <tr>
        <td>用户名：</td>
        <td><input type="text" name="text_username" /></td>
    </tr>
    <tr>
        <td>密码：</td>
        <td><input type="password" name="text_pwd" /></td>
    </tr>
    <tr>
        <td>性别：</td>
        <td><input type="radio" name="sex" value="男"
checked="checked" />男
        <input type="radio" name="sex" value="女" />女
        </td>
    </tr>
    <tr>
        <td>教育程度：</td>
        <td>
            <select name="education">
            <option>大专</option>
            <option>本科</option>
            <option>硕士</option>
            <option>博士</option>
            </select>
        </td>
    </tr>
    <tr>
        <td>兴趣爱好：</td>
        <td><input type="checkbox" name="interest[]" value="唱歌"
/> 唱歌
        <input type="checkbox" name="interest[]" value="跳舞" />跳舞
        <input type="checkbox" name="interest[]" value="登山" /> 登山
```

```
        <input type="checkbox" name="interest[]" value="旅游" />旅游
        <input type="checkbox" name="interest[]" value="购物" />购物
    </td>
    </tr>
    <tr>
        <td>个人简介：</td>
        <td><textarea name="text_intro" cols="30" rows="5"></
textarea></td>
    </tr>
    <tr>
        <td colspan="2" align="center">
        <input type="submit" value="注册" />
        <input type="reset" value="清空" />
    </td>
    </tr>
    </table>
</form>
</body>
</html>
```

（2）创建 PHP 文件 3_do.php，代码如下所示：

```
<html>
<head><title>输出会员注册信息</title></head>
<body>
<?php
    echo "<br/>用户名：".$_POST['text_username'];
                                    //输出用户名————文本框
    echo "<br/>密　码：".$_POST['text_pwd'];
                                    //输出密码————密码框
    echo "<br/>性　别：".$_POST['sex'];
                                    //输出性别————单选框
    echo "<br/>教育程度：".$_POST['education'];
                                    //输出学历————下拉列表框
    echo "<br/>兴趣爱好：";          //循环输出爱好信息————复选框
    $arr=$_POST['interest'];
    foreach ($arr as $result)
    {
        echo $result."  ";
    }
    echo "<br/>个人简介：".$_POST['text_intro']; //输出个人简介
?>
</body>
</html>
```

（3）在浏览器地址栏中输入 http://127.0.0.1/3.php，将显示会员注册界面，如图 3-5 所示。

填写完用户信息，单击"注册"按钮，跳转到3_do.php界面。此时，将输出用户提交的信息，如图3-6所示。

会员注册	
用户名：	小红
密码：	●●●●●
性别：	○男 ●女
教育程度：	本科∨
兴趣爱好：	☑唱歌 ☑跳舞 □登山 □旅游 ☑购物
个人简介：	小红个人简介

注册 清空

用户名：小红
密码：123456
性别：女
教育程度：本科
兴趣爱好：唱歌 跳舞 购物
个人简介：小红个人简介

图3-5 会员注册表单　　　　　　图3-6 获取会员注册信息

3.2.4 超链接数据的获取

超链接的HTML编码格式如下：

```
http://url?name1=value1 & name2=value2...
```

以上格式中，URL为目标页面地址；name1为参数名1，value1为对应的参数值1；name2为参数名2，value2为对应的参数值2。

超链接数据的获取，如下所示：

```
$_GET[name1];
$_GET['name2'];
```

例如，下面是一个用超级链接实现的URL参数传递。

```
<a href="index.php?name=zhangsz&pass=zhangsz123">点击</a>
```

这个例子和普通的链接没有区别。单击"点击"超链接，URL地址会转向"http://****/index.php?name=zhangsz&pass=zhangsz123"。

> 提示：GET方法的表单和超级链接的效果相同，都可以向服务器传递URL参数。不同的是，表单提供了一个清晰的用户界面，更利于用户创建、编辑要提交的数据。

任务 3-2

设计一个用户信息表单

任务描述

根据前面学过的内容，我们可以设计一个用户信息表单。其中，该表单主要的功能有：
（1）提供一个用于提交用户信息的表单。
（2）对用户信息进行简单的验证。
（3）用户信息提交后，显示一个包含用户信息的列表。

任务实施

下面设置该程序只有一个页面，即创建PHP文件index.php。表单的action属性值设置为index.php?action=submit，该页面用于显示数据。在开发过程中，首先要设计对表单是否提交进行判断的程序。如果没有提交过，那么显示表单；如果提交了，则对数据进行处理和遍历。其中，该表单的代码如下：

```php
<?php
    //判断是否提交数据
if (isset($_GET['action']) && $_GET['action'] == 'submit') {
    //显示POST的数据结构
    echo '<pre>';
    print_r($_POST);
    echo '</pre>';
    $back = '<a href="index.php">返回首页</a>'; //构造返回首页链接
    //验证必须提交的数据是否存在
    if(!$_POST['name'] or !$_POST['pass']) {
        echo '<h1>用户名和密码必须填写！</h1>';
        echo $back;
    }
else {
        $user = $_POST;                  //将post数据转存给新变量
        $user['like'] = implode(',', $_POST['like']);
                                         //将二维数组转化成字符串
        echo '<h1>您提交的数据：</h1><ul>';
    //遍历数组，显示数据
        foreach($user as $key=>$value) {
            echo '<li>'.$key.':'.$value.'</li>';
        }
        echo '</ul>'.$back;
    }
}
else {
?>
<form action="index.php?action=submit" method="post">
<p>
用户名:<br />
<input type="text" name="name" value="" size="20" /> *
</p>
<p>
密码:<br />
<input type="password" name="pass" value="" size="20" /> *
</p>
<p>
性别:<br />
```

```
<input type="radio" name="sex" value="男" checked="checked" />
男
<input type="radio" name="sex" value="女" /> 女
</p>
<p>
年龄段: <br />
<select name="old">
<option value="10">10 以内</option>
<option value="20">10 到 20</option>
<option value="30" selected="selected">20 到 30</option>
<option value="40">40 以上</option>
</select>
</p>
<p>
爱好: <br />
<input type="checkbox" name="like[]" value="电影"
checked="checked" />电影
<input type="checkbox" name="like[]" value="音乐" />音乐
<input type="checkbox" name="like[]" value="文学" />文学
</p>
<p>
简介: <br />
<textarea name="description" cols="24" rows="3">请在这里输入介
绍……</textarea>
</p>
<p>
照片: <br />
<input type="file" name="photo" />
</p>
<p>
<input type="hidden" name="time" value="3" />
<input type="submit" value="提交" />
<input type="reset" value="重置" />
</p>
</form>
<?php }?>
```

在浏览器地址栏中输入http://127.0.0.1/index.php，将显示如图 3-7 所示的界面。在该程序中，用户和密码文本框必须输入。例如，设置只输入用户名，不输入密码，显示结果如图 3-8所示。

如果用户正确输入用户名和密码后，将显示提交的用户信息，如图 3-9 所示。

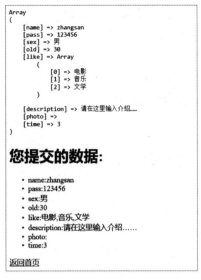

图 3-7　表单页面　　　　图 3-8　表单提交后的错误显示页面　　　图 3-9　表单提交后的数据显示页面

 表单处理上传文件

表单不仅可以在页面间传递数据，还可以向服务器上传文件。例如，在许多的论坛里，如果用户需要上传文件的话，就需要提供一个上传文件的接口。本节将介绍使用表单处理上传文件。

3.3.1　创建一个文件上传表单

在创建文件上传表单之前，我们先看一个其他网站上是如何实现文件上传功能的，效果如图 3-10 所示。

图 3-10　上传附件

从图 3-10 中可以看到，该网站上的文件上传组件是由两个按钮构成的，一个是"选择上传文件"按钮，另一个是"确定"按钮。在 HTML 中，原生的上传组件是通过类型为"file"的表单项定义的。下面通过一个实例，来讲解创建文件的上传表单。

实例 3-4 使用代码演示创建文件上传表单。其中，该代码保存在 3-4.php 脚本。

```html
<html>
    <head>
        <title>上传文件</title>
    </head>
    <body>
        <p>单击浏览按钮选择上传的文件：</p>
        <form enctype="multipart/form-data" action="3-5.php"
method="post">
            <input type="hidden" name="MAX_FILE_SIZE"
value="80000">
            <input type="file" name="user_file">
            <br>
            <input type="submit" value="上传文件">
        </form>
    </body>
</html>
```

运行以上程序后，显示如图 3-11 所示的界面。从该界面可以看到，HTML 的上传组件是由一个文件框和一个"浏览"按钮构成的。这里的"浏览"按钮和"上传文件"按钮，就相当于图 3-10 中的"选择上传文件"和"确定"按钮。

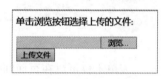

图 3-11　文件上传表单

关于以上例子中的代码，有两点需要说明：

（1）如果需要通过表单上传文件，那么表单的 enctype 属性必须设置为 multipart/form-data，否则文件上传后可能会出现错误。

（2）表单中使用了一个名为 MAX_FILE_SIZE 的隐藏文本框，用于指定用户可以上传文件体积的最大值。在设置这个值的时候，需要考虑 PHP 引擎的配置文件 php.ini 中两个变量的取值问题。一是 upload_max_filesize，另一个是 post_max_size。前者是设置允许上传的最大文件大小，后者是设置通过 POST 方法允许上传的最大文件大小。注意，如果使用 post 方法上传文件，那么 upload_max_filesize 的大小不能大于 post_max_size，否则一定会出现问题。在 php.ini 文件中，upload_max_filesize 的默认值为 2MB，post_max_size 的默认值为 8MB。

当用户使用浏览器打开 3-4.php 文件，选中某个文件并单击"上传文件"按钮后，用户选中的文件被上传到一个用于存放临时文件的文件夹内。我们需要编写脚本将其复制到某个可永久存放文件的文件夹内，以防文件在脚本执行结束后被删除。如果不想要使用默认临时文件存储位置，通过修改 php.ini 配置文件中的 upload_tmp_dir 选项，可以设置文件临时保存位置，如下所示：

```
upload_tmp_dir = "D:\Apache24\temp"
```

3.3.2 获取已上传文件的信息

在用户上传某个文件后，文件会被存放在一个临时文件夹内。这时，我们可以使用PHP脚本的$_FILES数组来处理这个文件。注意$_FILES是个二维数组，第一个维度是表单中文件域的名字，第二个维度则是文件的相关属性，包括"name""type""size""tmp_name"或"error"。格式如下所示。

（1）$_FILES["user_file"]["name"]：被上传文件的名称。

（2）$_FILES["user_file"]["type"]：被上传文件的类型。

（3）$_FILES["user_file"]["size"]：被上传文件的大小，以字节为单位。

（4）$_FILES["user_file"]["tmp_name"]：存储在服务器上的文件的临时副本的名称。

（5）$_FILES["user_file"]["error"]：由文件上传导致的错误代码。

$_FILES全局数组中错误代码值及其含义如下所示。

（1）0：表示没有错误发生，文件上传成功。

（2）1：上传的文件超过了php.ini中upload_max_filesize选项限制的值。

（3）2：上传文件的大小超过了HTML表单中max_file_size选项指定的值。

（4）3：文件只有部分被上传。

（5）4：没有文件被上传。

（6）6：找不到临时文件夹。

（7）7：文件写入失败。

（8）8：PHP文件上传扩展没有打开。

实例 3-5 下面以【实例 3-4】为例，使用$_FILES全局数组获取已上传文件的相关属性。其中，该代码保存在 3-5.php 脚本，如下所示：

```php
<?php
    if($_FILES["user_file"]["error"]>0)
    {
        echo "错误代码:".$_FILES["user_file"]["error"]."<br/>";
    }
    else
    {
    echo "文件名:".$_FILES["user_file"]["name"]."<br/>";
    echo "类型:".$_FILES["user_file"]["type"]."<br/>";
    echo "大小:".($_FILES["user_file"]["size"]/1024)."Kb<br/>";
    echo "存储位置:".$_FILES["user_file"]["tmp_name"];
    }
?>
```

运行 3-4.php 程序，打开文件上传界面，然后选择上传的文件。单击"上传文件"按钮后，将跳转到程序 3-5.php，并输出上传文件的类型、大小和名称等。效果如下所示：

```
文件名:image.jpg
类型:image/jpeg
```

大小：37.296875Kb
存储位置：C:\Windows\Temp\phpDA00.tmp

从输出信息可以看到上传文件的相关属性。

3.3.3 上传限制

如果允许用户上传任意文件，则是非常不安全的。所以，我们最好对上传的文件进行限制。

实例 3-6　使用代码设置只允许用户上传 .gif 或 .jpeg 文件，文件大小必须小于 3MB。

```php
<?php
    if((($_FILES["user_file"]["type"]=="image/gif")||($_
FILES["user_file"]["type"]=="image/jpeg"))
        &&($_FILES["user_file"]["size"] < 1024*1024*3))
    {
    if($_FILES["user_file"]["error"]>0)
    {
        echo "错误代码：".$_FILES["user_file"]["error"]."<br/>";
    }
    else
    {
    echo "文件名：".$_FILES["user_file"]["name"]."<br/>";
    echo "类型：".$_FILES["user_file"]["type"]."<br/>";
    echo "大小：".($_FILES["user_file"]["size"]/1024)."Kb<br/>";
    echo "存储位置：".$_FILES["user_file"]["tmp_name"];
    }
    }
    else
    {
        echo "Invalid file";
    }
?>
```

运行 3-4.php 程序，上传一个名为 test.txt 文件。此时，将会报错，因为程序限制了文件上传的类型。运行结果为：

```
Invalid file
```

3.3.4 保存被上传的文件

上面的例子在服务器的 PHP 临时文件夹中创建了一个被上传文件的临时副本。这个临时的复制文件会在脚本结束时消失。如果要保存被上传的文件，则需要把它复制到另外的位置。通过获取文件的相关属性，可以判断用户上传的文件是否符合要求。如果用户上传的文件符合要求，就可以使用 move_uploaded_file() 函数把文件转移到永久存放文件的文件夹内。

实例 3-7 下面使用 move_uploaded_file() 函数保存上传的文件。

```php
<?php
    if((($_FILES["user_file"]["type"]=="image/gif")
        ||($_FILES["user_file"]["type"]=="image/jpeg"))
        &&($_FILES["user_file"]["size"] < 1024*1024*3))
    {
    if($_FILES["user_file"]["error"]>0)
    {
        echo "错误代码: ".$_FILES["user_file"]["error"]."<br/>";
    }
    else
    {
    echo "文件名: ".$_FILES["user_file"]["name"]."<br/>";
    echo "类型: ".$_FILES["user_file"]["type"]."<br/>";
    echo "大小: ".($_FILES["user_file"]["size"]/1024)."Kb<br/>";
    echo "临时存储位置: ".$_FILES["user_file"]["tmp_name"]."<br/>";
    if(file_exists("D:\Apache24\images\\".$_FILES["user_file"]
["name"]))
    {
        echo $_FILES["user_file"]["name"]."already exists.";
    }
    else
    {
        move_uploaded_file($_FILES["user_file"]["tmp_name"],"D:\
Apache24\images\\".$_FILES["user_file"]["name"]);
        echo "永久存储位置: "."D:\Apache24\images\\".$_FILES["user_
file"]["name"];
    }
    }
    }
    else
    {
        echo "Invalid file";
    }
?>
```

运行 3-4.php 程序, 打开文件上传表单界面, 然后上传符合要求的文件。上传成功, 将显示如下信息:

```
文件名: image.jpg
类型: image/jpeg
大小: 37.296875Kb
临时存储位置: C:\Windows\Temp\php9BE8.tmp
永久存储位置: D:\Apache24\images\image.jpg
```

此时，在D:\Apache24\images\目录中，即可看到保存的图片文件image.jpg。

> 注意：永久存放文件的文件夹在存放文件之前必须已经存在，否则，上传文件失败。

知识拓展

使用浏览器的开发者工具，查看表单提交的数据

从前面学习的知识中，我们可知表单提交数据的方法有POST和GET。其中，GET提交的数据直接显示了URL地址栏。但是，POST方法提交的数据无法看到，不便于调试。此时，用户使用浏览器的开发者工具，可以快速查看表单提交的数据。

每个浏览器都自带了开发者工具，按下F12键即可启动浏览器的开发者工具。这里以Chrome浏览器的开发者工具为例，介绍如何查看表单提交的数据。

（1）使用Chrome浏览器访问一个包含表单的网站。这里将以任务 3-2 的程序index.php为例，查看提交的表单数据。

（2）成功运行index.php程序后，按下F12 键，启动 Chrome浏览器的开发者工具。单击"网络"命令，打开"网络"选项卡。然后，在网页的表单中输入内容，并单击"提交"按钮。此时，在开发者工具中即可看到请求的网址。

（3）单击监听到的网址，将显示该请求相关信息，如图 3-12 所示。

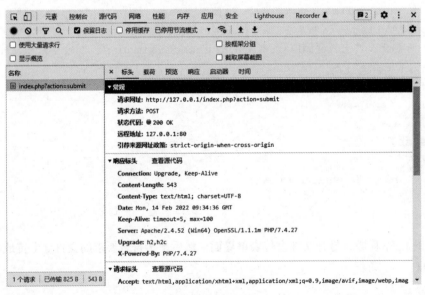

图 3-12　标头信息

（4）"标头"选项卡中包括"常规""响应标头"和"请求标头"三部分内容。从"常规"部分可以看到，该网站使用的数据提交方法为POST。单击"载荷"选项卡，即可看到提交的表单数据，如图 3-13 所示。

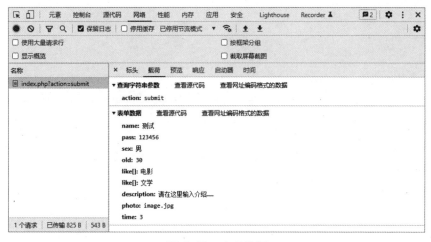

图 3-13 表单数据

本章习题

一、填空题

（1）常用的表单数据提交方法为 _____ 和 _____。

（2）创建表单的标签由 _____ 组成。

二、选择题

（1）下面（　　）为 input 标记的类型。

A. text   B. password   C. file   D. checkbox

（2）下拉列表框由（　　）标记组成。

A. < select >   B. <form>   C. <option>   D. <input>

三、判断题

（1）GET 和 POST 方法的区别主要有两点。第一是 GET 提交的数据可见，POST 提交的数据不可见；第二是 GET 提交的数据长度受限制，POST 提交的数据长度不受限制。

（2）在 PHP 中，$_POST 和 $_GET 全局变量分别获取使用 POST 和 GET 方法提交的表单数据。

四、操作题

（1）根据前面学习的内容，创建一个程序，实现使用 POST 方法提交和获取表单数据。

（2）根据前面学习的内容，创建一个程序，实现使用 GET 方法提交和获取表单数据。

第 4 章

Cookie 与 Session 管理

Cookie 和 Session 是 Web 中非常重要的两个技术。目前大多数 Web 网站是通过 HTTP 协议传输的，而 HTTP 协议是无状态的，也就是不会记录之前的操作，每次 HTTP 请求都可以被视为独立的。Cookie 和 Session 就是用来记录一些操作以供之后的请求使用。本章将讲解 Cookie 与 Session 管理。

知识入门

1. 什么是Cookie

Cookie是在HTTP协议下，服务器或脚本维护客户工作站上信息的一种方式。Cookie是访问某个站点时，随某个HTML网页发送到浏览器中的一小段信息。它以文本文件的形式存在于客户端计算机上进行保存。

> 注意：Cookies目录一般为隐藏目录，需要显示隐藏目录才能看到。每个Cookie文件都是一个简单的普通文本文件，而不是程序。Cookie文件中的内容一般都是经过加密处理的字符串，只有服务器的CGI处理程序才知道这些字符串的真正含义。

Cookies是用户浏览Web网站时，被访问的Web服务器传输到用户计算机硬盘中的文本文件或内存中的数据。因此，它在用户硬盘中存放的位置与用户使用的操作系统和浏览器密切相关。在不同操作系统中，IE浏览器的Cookie文件存放位置见表4-1所列。

表 4-1　IE浏览器的Cookie文件存放位置

操作系统	Cookies 文件存放位置	文件格式
Windows 9X	C:/Windows/Cookies	用户名@网站地址［数字］.txt
Windows NT/2000/XP	C:/Documents and Settings/用户名/Cookies	用户名@网站地址［数字］.txt
Windows 7	%LOCALAPPDATA%\Microsoft\Windows\Temporary Internet Files	user@domain
Windows 10	%LOCALAPPDATA%\Microsoft\Windows\INetCache	user@domain

2. Cookie的功能

Web服务器可以通过Cookie来筛选和维护信息，其常用于以下三个方面：

（1）记录访客的某些信息。例如，可以利用Cookie记录用户访问网页的次数，或者记录访客曾经输入过的信息。另外，某些网站可以使用Cookie自动记录访客上次登录的用户名。

（2）在页面之间传递变量。浏览器并不会保存当前页面上的任何变量信息，当页面被关闭时，页面上所有变量的信息将随之消失。如果声明了一个变量id=8，要把这个变量传递到另一个页面，可以把变量id以Cookie形式保存下来；然后，在下一页通过读取Cookie来获取该变量的值。

（3）将查看的网页存储在Cookie临时文件夹中，可以提高以后浏览的速度。

> 注意：一般不要使用Cookie保存数据集或其他大量数据。同时，并非所有的浏览器都支持Cookie，并且数据信息是以明文的形式保存在客户端计算机中的。因此，最好不要保存敏感的、未加密的数据，否则会影响网络的安全性。

3. 什么是Session

Session译成中文叫作"会话"，其本来的含义是指有始有终的一系列动作/信息。例如，打电话时从拿起电话拨号到挂断电话这中间的一系列过程可以称为一个Session。在计算机专业术语中，Session是指一个终端用户与交互系统进行通信的时间间隔，通常是指从注册进入系统到注销退出系统之间所经过的时间。因此，Session实际上是一个特定的时间概念。

需要注意的是，一个Session概念需要包括特定客户端、特定服务器端及不中断操作时间。A用户和C服务器建立连接时所处的Session与B用户和C服务器建立连接时所处的Session是两个不同的Session。

我们知道用户访问某个Web网站时，往往需要浏览许多网页。对于某个通过PHP构建的Web网站来说，用户在访问过程中需要执行许多PHP脚本。但是由于HTTP协议自身特点，用户每执行一个PHP脚本都需要和Web服务器重新建立连接。又由于无状态记忆特点，此次连接无法得到上次连接状态，这样用户在一个PHP脚本中对某个变量进行了赋值操作，而在另外一个PHP脚本中却无法得到这个变量值。

例如，用户在负责登录的PHP脚本中设置了 $user="myuserID"，却无法在另一个PHP脚本中通过 $user来获得myuserID这个值。这也就是说，在PHP中无法设置全局变量，每个PHP脚本中所定义变量都是只在这个脚本内有效的局部变量。

Session解决方案就是要提供在PHP脚本中定义全局变量的思路方法，使得这个全局变量在同一个Session中对于所有PHP脚本都有效。上面我们提到了Session不是一个简单的时间概念。一个Session中还包括了特定的用户和服务器。因此，在一个Session中定义全局变量作用范围是指这个Session所对应用户访问的所有PHP。

例如，A用户通过Session定义了全局变量 $user= "myuserID"，而B用户通过Session定义了全局变量 $user= "newuserID"，那么在A用户所访问的PHP脚本中 $user值就是myuserID，而B用户所访问的PHP脚本中 $user值就是newuserID。

4. Session的作用

Session在Web技术中非常重要。由于网页是一种无状态的连接程序，因此其无法得知用户的浏览状态。通过Session则可记录用户的有关信息，以供用户再次以此身份对Web服务器提交要求和确认。例如，在网站中，通过Session记录用户登录的信息，以及用户所购买的商品。如果没有Session，那么用户每进入一个页面都需要依次登录用户名和密码。

另外，Session适用于存储信息量比较少的情况。如果用户需要存储的信息量相对较少，并且内容不需要长期存储，那么使用Session把信息存储到服务器端比较合适。

5. Session工作原理

Session用于存储跨网页程序的数据，它将数据临时存储在服务器端。该数据只针对单一用户，即服务器为每个访问者（客户端）分配各自的Session对象，访问者之间无法相互存取对方的Session对象。当超过服务器设置的有效时间后，Session对象就会自动消失。当关闭页面时，Session对象会自动注销。重新登录此页面，会再次生成随机且唯一的Session对象。Session常用于用户登录验证和网络购物车的实现。

循序渐进

4.1 Cookie管理

Cookie是在HTTP协议下，通过服务器或脚本语言可以维护客户端浏览器上信息的一种方式。Cookie的使用很普遍，许多提供个人服务的网站都是利用Cookie来区别不同用户，以显示与用户相应的内容。有效使用Cookie可以轻松完成很多复杂任务。本节将讲解Cookie的相关知识。

4.1.1 创建Cookie

Cookie在使用前需要生成Cookie文件，也就是创建Cookie。在PHP中，可以使用setcookie()函数创建Cookie。在创建Cookie之前必须了解的是，Cookie是HTTP头标的组成部分，而头标必须在页面其他内容之前发送。因此头标必须最先输出。在setcookie()函数前输出HTML标记、echo语句，甚至空行都会导致程序出错。

setcookie()函数语法格式如下：

```
bool setcookie( string name[,string value [,int expire [,string
path [,string domain [,int secure]]]]] )
```

setcookie()函数的参数说明见表4-2所列。

表4-2　setcookie()函数的参数说明

参数	说明	示例
name	Cookie变量的名称	可以通过 $_COOKIE["cookie_name"] 调用变量名为cookie_name的Cookie
value	Cookie变量的值，该值保存在客户端，不能用来保存敏感数据	可以通过 $_COOKIE["values"] 获取名为values的值
expire	Cookie的时效，expire是标准的UNIX时间标记，可以用time()或mktime()函数获取，单位为秒	如果不设置Cookie的时效，那么Cookie将永远有效，除非手动将其删除
path	Cookie在服务器端的有效路径	如果设置该参数为"/"，则它在整个domain内有效；如果设置为"/11"，则它在domain下的/11目录及子目录内有效；默认是当前目录
domain	Cookie的有效域名	如果要使Cookie在mrbccd.com域名下的所有子域内都有效，应该设置为mrbccd.com

续表

参数	说明	示例
secure	指明 Cookie 是否只通过 HTTPS 协议传输,值为 0 或 1	如果值为 1, 则 Cookie 只在 HTTPS 连接上有效;如果为默认值 0, 则 Cookie 在 HTTP 和 HTTPS 连接上均有效

实例 4-1 下面演示使用 setcookie() 函数创建 Cookie。

```php
<?php
    setcookie('mycookie','time',time()+60*60) or die();
    echo 'Cookie设置成功';
?>
```

以上代码中,time() 函数用来获取当前时间,过期时间为 3600 秒(time()+60*60)。如果不为 Cookie 文件设置过期时间,则一旦关闭浏览器,Cookie 失效。以上代码运行结果为:

Cookie设置成功

4.1.2 读取 Cookie

创建 Cookie 文件后则可以使用 Cookie, 也就是读取 Cookie 文件中的信息。在 PHP 中,读取 Cookie 需要用一个全局变量 $_COOKIE。该变量是一个数组,所有设置的 Cookie 键值对均会加入该数组。

实例 4-2 使用代码演示设置多个 Cookie 并输出全局变量 $_COOKIE 的信息。

```php
<?php
    setcookie('name','Tom',time()+3600);
    setcookie('register',time(),time()+3600);
    echo '全局变量$_COOKIE:';
    print_r($_COOKIE);
?>
```

以上代码运行结果为:

全局变量$_COOKIE:Array ( )

从运行结果可以看到,没有获取到 Cookie 信息。这是因为该程序执行前并没有该 Cookie,程序执行后会设置一个 Cookie。此时,刷新该页面后,Cookie 的内容才会被读取,如下所示:

全局变量$_COOKIE:Array ([name] => Tom [register] => 1644725477)

从显示结果可以看到,$_COOKIE 全局变量是一个数组,那么我们就可以很容易地访问到其中的元素。

实例 4-3 使用代码演示读取 Cookie 中的内容。

```php
<?php
    echo '当前用户名为:'.$_COOKIE['name'];
```

```php
?>
```

以上代码运行结果为：

当前用户名为：Tom

由于本章实例中的源文件都处于同一路径下，因此该实例可以读取到【实例 4-2】设置的 Cookie。

4.1.3 删除 Cookie

Cookie 被创建之后，如果没有设置 Cookie 的失效时间，在关闭浏览器的时候会自动删除 Cookie 文件。如果为 Cookie 设置了失效时间，浏览器会记录 Cookie，即使用户重启计算机，只要 Cookie 没过有效时间，再次访问网站时，依然会获得上次保存的 Cookie 数据。下面介绍几种删除 Cookie 的方法。

1. 使用 setcookie() 函数

删除 Cookie 和创建 Cookie 的方法类似，删除 Cookie 也使用 setcookie() 函数。使用该函数可以通过两种方式删除 Cookie，一种为 Cookie 项设置空值，另一种为使 Cookie 项过期。为 Cookie 项赋空值，可以使用 setcookie() 函数并传入 Cookie 项名称。

实例 4-4 使用代码演示将存在的 Cookie 项 register 设置为空值。

```php
<?php
    setcookie('register',' ');              //删除Cookie项register
    print_r($_COOKIE);                      //输出全局变量$_COOKIE信息
?>
```

运行以上代码后，刷新页面后将显示如下结果：

```
Array ( [name] => Tom [register] => )
```

从运行结果可以看出，register 项的值已经为空。使 Cookie 项过期，则可以将 setcookie() 函数的过期设置为当前时间或当前时间之前的时间。

实例 4-5 使用代码演示将 Cookie 项的 name 设置为过期。

```php
<?php
    setcookie('name',' ',time()-1);
    print_r($_COOKIE);
?>
```

以上代码中，time() 函数返回以秒表示的当前时间戳。把当前时间减 1 秒，就会得到过去的时间，从而删除 Cookie。运行结果为：

```
Array ( [register] => )
```

> 提示：把 Cookie 的有效时间设置为 0，也可以直接删除 Cookie。

2. 在浏览器中手动删除

使用Cookie时，会自动生成一个文本文件，存储在浏览器的Cookies临时文件夹中。在浏览器中删除Cookie文件是一种非常便捷的方法。下面以IE浏览器为例，手动删除Cookie。操作步骤如下文描述。

（1）依次单击"设置"/"Internet选项"命令，打开"Internet选项"对话框，如图4-1所示。

（2）在"常规"选项卡中单击"删除"按钮，弹出"删除浏览历史记录"对话框，如图4-2所示。

（3）在"删除浏览历史记录"对话框中，勾选"Cookie和网站数据"选项框。单击"删除"按钮，即可成功删除全部Cookie文件。

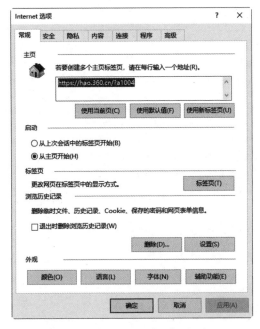

图 4-1 "Internet选项"对话框

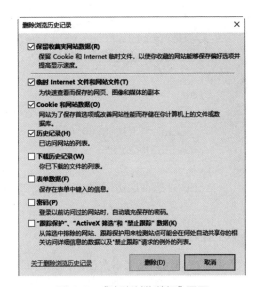

图 4-2 "清除浏览数据"界面

4.1.4 Cookie 的生命周期

如果不为Cookie设置失效时间，则表示它的生命周期就是浏览器会话时间范围。只要关闭浏览器，Cookie就会自动消失。这种Cookie被称为会话Cookie，一般不保存在磁盘上，而是保存在内存中。

如果设置了失效时间，浏览器就会把Cookie保存在磁盘上，两次打开浏览器时依然有效，直到超出有效时间。

虽然Cookie可以长期保存在客户端浏览器中，但也不是一成不变的。因为浏览器最多允许存储300个Cookie文件，而且每个Cookie文件支持的最大容量为4KB；每个域名最多支持20个Cookie。如果达到限制，浏览器会自动随机删除Cookie文件。

创建并读取 Cookie 值

任务描述

创建一个程序，首先使用 isset() 函数判断是否存在 Cookie 文件。如果不存在，则使用 setcookie() 函数创建一个 Cookie，并输出相应的字符串。如果 Cookie 存在，则使用 setcookie() 函数设置 Cookie 文件的有效时间，并输出用户上次访问网站的时间。最后，在页面上输出本次访问网站的当前时间。

任务实施

使用代码将创建一个名为 visit_time 的 Cookie 项，值为本次访问网站的当前时间，有效期为 60 秒。代码如下所示：

```php
<?php
    if(!isset($_COOKIE['visit_time'])){
        setcookie('visit_time',date('y-m-d H:i:s'));
        echo "欢迎首次访问网站";
    }
    else{
        setcookie('visit_time',date('y-m-d H:i:s'),time()+60);
        echo "上次访问时间为:".$_COOKIE['visit_time'];
        echo "<br>";
    }
    echo "您本次访问网站时间为:".date("y-m-d H:i:s");
?>
```

以上代码运行结果为：

欢迎首次访问网站您本次访问网站时间为: 22-02-13 18:50:26

如果用户在失效时间内刷新页面，页面将显示上次访问的时间和本次访问网站的时间。结果如下所示：

上次访问时间为: 22-02-13 18:50:26
您本次访问网站时间为: 22-02-13 20:34:40

 Session 管理

Cookie 是存储在客户端浏览器中的，有长度的限制，并以文件的形式存在。因此，它相对来说是不安全的。另外，Cookie 也不能跨站访问。基于此，开发者提供了会话（Session）技术。所谓"会话"就是访客从访问网站开始到离开网站的时间范围。

Session 中的数据在 PHP 脚本中以变量的形式创建。创建的 Session 变量，其生命周期默认为 20 分钟，这些 Session 变量可以被跨页的请求引用。另外，Session 变量存储在服务器端，相对安全，并且不像Cookie那样有长度限制。本节将介绍Session相关知识。

4.2.1 创建Session

在PHP中使用Session变量，除了必须启动以外，还需要经过一个注册的过程。注册和读取Session变量，都要通过访问 $_SESSION数组完成。从PHP 4.1.0开始，$_SESSION和$_POST、$_GET和$_COOKIE等一样成为超级全局数组，但必须在调用session_start()函数开启Session之后才可以使用。与$HTTP_SESSION_VARS不同，$_SESSION总是具有全局的范围。因此，我们不要对$_SESSION使用global关键字。$_SESSION关联数组中的键名具有和PHP中普通变量名相同的命名规则。

Session变量被创建后，全部保存在数组 $_SESSION中。通过数组 $_SESSION创建Session变量非常简单，只需要直接给该数组添加一个元素即可。

1. 启动Session

如果在PHP中需要使用Session，可以使用session_start()函数来启动Session。语法格式如下：

```
bool session_start (void);
```

注意，该函数的调用位置一定是页面的第一行。该函数不接收任何参数。函数执行后会创建或读取一个Session文件。创建Session文件时，PHP会为该文件生成一个唯一的ID。读取SESSION文件则是获取通过POST、GET方法，或者Cookie传递的Session名称和ID。Session名称可以通过session_name()函数获取或设置。该函数的语法格式如下：

```
string session_name ( [ string $name ] )
```

可选参数用来设置当前Session的名称。如果省略该参数，则为获取Session的名称。Session默认名称在php.ini文件中设置：

```
session_name = PHPSESSID
```

获取Session的ID可以使用函数session_id()，语法格式如下：

```
string session_id ( [ string $id] )
```

可选参数用来设置当前Session的ID。如果省略该参数，则为获取Session的ID。

实例4-6 使用代码演示启动一个Session并获取该Session的名称和ID。

```php
<?php
    session_start();                    //创建一个Session
    echo '当前Session的名称为：'.session_name();
    echo '<br/>当前Session的ID为：'.session_id();
?>
```

以上代码的运行结果为：

当前Session的名称为：PHPSESSID

当前Session的ID为: 6uknfd54ppuv7gjva47ko4lcbj

从运行结果可以看出当前Session的名称和ID。Session是存储在服务器端的文件，所以可以查看该Session文件。在Windows 10系统中，Session文件默认保存于C:\Windows\Temp。用户也可以修改php.ini文件中的参数session.save_path，指定Session文件存储位置。代码如下所示：

```
session.save_path = "D:\Apache24\tmp"
```

修改以上配置项后，重新启动Web服务使配置生效。

2. 注册Session

创建Session变量之后，Session变量将全部内容保存在$_SESSION全局变量中。$_SESSION是一个数组，信息可以以键值的形式作为数组元素被存储。通过数组$_SESSION创建Session变量很容易，直接给该数组添加一个元素即可。

实例4-7　下面代码演示向Session中存储内容。

```php
<?php
    session_start();                  //创建Session
    $_SESSION['name']='Ken';          //向Session中写入内容
    print_r($_SESSION);               //输出Session中的内容
?>
```

代码运行结果为：

```
Array ( [name] => Ken )
```

从输出结果可以看到，Session中已经存储了内容。进入Session存储位置，可以看到生成的文件名为sess_6uknfd54ppuv7gjva47ko4lcbj。从该文件名可以看到格式为sess_Session的ID，用户可以直接使用文本编辑器打开。该文件的内容结构如下所示：

```
变量名|类型:长度:值              //每个变量都使用相同的结构来保存
```

此时，使用文本编辑器查看Session文件内容。代码如下所示：

```
name|s:3:"Ken";
```

其中，该Session名称为name，类型为s（字符串），长度为3，值为Ken。

3. 使用Session

首先需要判断Session变量是否有Session ID存在，如果不存在，就创建一个，并且使其能够通过全局数组$_SESSION进行访问。如果已经存在，将这个已创建的Session变量载入供用户使用。

例如，判断存储用户名的Session变量是否为空。如果不为空，将Session变量赋给$name，代码如下所示：

```php
if(!empty($_SESSION['user_name'])) {
    $name=$_SESSION['user_name'];
}
```

4.2.2 设置 Session 的有效时间

大多数网站对用户登录的失效时间进行了规定，如保存一个星期、一个月等。这时，可以通过 Cookie 设置登录的失效时间。Session 的失效时间设置主要有以下两种情形。

1. 客户端没有禁用 Cookie

（1）使用 session_set_cookie_params() 函数设置 Session 的失效时间。该函数将 Session 和 Cookie 结合起来设置失效时间。例如，设置 Session 1 分钟后失效。代码如下所示：

```php
<?php
    $time=1*60;
    session_set_cookie_params($time);
    session_start();
    $_SESSION['user_name']='admin';
?>
```

session_set_cookie_params() 函数必须在 session_start() 函数之前调用。

> 注意：不建议使用 session_set_cookie_params() 函数，该函数在一些浏览器中会出现问题，所以一般手动设置失效时间。

（2）使用 setcookie() 函数可对 Session 设置失效时间。例如，让 Session 在 1 分钟后失效。代码如下所示：

```php
<?php
    session_start();
    setcookie(session_name(),session_id(),time()+60,"/");
    $_SESSION['user_name']='admin';
?>
```

在 setcookie() 函数中，session_name 是 Session 的名称，session_id 是判断客户端用户的标识。因为 session_id 是随机产生的唯一名称，所以 Session 是相对安全的。Session 的失效时间和 Cookie 的失效时间一样，最后一个参数为可选参数，是放置 Session 的路径。

2. 客户端禁用 Cookie

当客户端禁用 Cookie 时，Session 在页面间传递会失效。我们可以将客户端禁用 Cookie 想象成一家大型连锁超市。如果在其中一家超市办理了会员卡，但是超市之间并没有联网，那么会员卡就只能在办理会员卡的那家超市使用。解决该问题有以下 4 种方法：

（1）在登录之前提醒用户必须打开 Cookie。许多论坛采用这种办法。

（2）设置 php.ini 文件中的 session.use_trans_sid=1，让 PHP 自动跨页传递 session_id。

（3）通过 GET 方法，隐藏表单传递 session_id。

（4）在使用文件或数据库存储 session_id，在页面之间传递时手动调用。

在以上几种方法中，第二种方法不作详细介绍，因为用户不能修改服务器上的 php.ini 文件；第三种方法不可以使用 Cookie 设置失效时间，但是登录情况没有变化；第四种方法是最重要的一种，在实际项目开发中，如果发现 Session 文件使服务器速度变慢，我们就可以使用它。

实例 4-8　下面介绍第三种方法，使用 GET 方法传输，接收页面头部的代码。

```php
<?php
    session_name = session_name();            //获取 Session 名称
    $session_id = $_GET["$session_name"];      //获取 Session_id
    session_id($session_id);                   //关键步骤
    session_start();
    $_SESSION['admin'] = 'soft';
?>
```

> 说明：请求一个页面之后会产生一个 session_id。如果这时禁用了 Cookie，就无法传递 session_id。在请求下一个页面时将会重新产生一个 session_id，这就造成 Session 在页面间传递失效。

4.2.3 删除和销毁 Session

使用完一个 Session 变量后，可以将其删除。完成一个会话以后，也可以将其销毁。如果用户想退出 Web 系统，就需要为其提供注销功能，把用户的所有信息在服务器上销毁。删除会话的情况有删除单个会话、删除多个会话和结束当前会话三种。

1. 删除单个会话

删除单个会话即删除单个 Session 变量，同数组的操作一样，直接注销 $_SESSION 数组的某个元素即可。例如，对于 $_SESSION['user'] 变量，可以使用 unset() 函数。代码如下所示：

```php
unset($_SESSION['user']);
```

> 注意：使用 unset() 函数时，$_SESSION 数组中的元素不能省略，即不可以一次注销整个数组，这样会禁止整个会话的功能。例如，unset($_SESSION) 函数会将全局变量 $_SESSION 销毁，而且没有办法恢复，用户也不能再注册 $_SESSION 变量。

2. 删除多个会话

如果想把某个用户在会话中注册的所有变量都删除，也就是删除多个会话或一次注销所有的 Session 变量，可以通过将一个空的数组赋值给 $_SESSION 来实现。代码如下所示：

```php
$_SESSION=array();
```

3. 结束当前会话

如果整个会话已经结束，首先应该注销所有的 Session 变量，然后使用 session_destroy() 函数清除当前的会话，并清空会话中的所有资源，彻底销毁会话。代码如下所示：

```php
session_destroy();
```

相对于 session_start() 函数（创建 Session 文件），session_destroy() 函数用来关闭会话的运作（删除 Session 文件）。如果成功，则返回 true；如果失败，则返回 false。但该函数不会释放和当前会话相关的变量，也不会删除保存在客户端Cookie中的Session ID。Session文件会在一定的时间后自动删除，这个时间可以在php.ini文件中设置。配置项如下：

```
session.gc_maxlifetime = 1440
```

默认Session的最大存在时间为1440秒。

PHP默认的Session是基于Cookie的，Session ID被服务器存储在客户端Cookie中，所以在注销Session时也需要清除Cookie中保存的Session ID，这就必须借助setcookie()函数来完成。在Cookie中，保存Session ID的Cookie标识名称就是Session的名称。

实例4-9 使用代码演示创建并删除一个Session。

```php
<?php
    session_start();                        //创建Session
    $_SESSION=array();                      //删除所有Session变量
    //判断Cookie中是否保存Session ID
    if(isset($_COOKIE[session_name()])){
        setcookie(session_name(),'',time()-3600,"/");
    }
    session_destroy();                      //彻底销毁Session
?>
```

以上程序中，使用$_SESSION=array()清空$_SESSION数组的同时，也可将这个用户在服务器端对应的Session文件内容清空。而使用session_destroy()函数时，则是将这个用户在服务器端对应的Session文件删除。

4.2.4 使用Session记录信息

Cookie文件存储在客户端，是不安全的。因此，我们不可以将一些敏感的数据存放在Cookie文件中。Session存放在服务器端，相对来说比较安全。所以，我们可以在Session中存放一些比较敏感的数据。

1. Session与Cookie联合记录敏感信息

Session可以通过Cookie传输的名称和ID获取已经存在的Session。因此，开发者需要将Session的名称和ID存入Cookie，通常的形式如下：

```
setcookie( session_name(),session_id(),过期时间)
```

实例4-10 使用代码演示使用Session保存用户名和密码并在两个页面间传递。其中，a.php文件内容如下：

```php
<?php
    session_start();                    //创建session
    setcookie(session_name(),session_id(),time()+60*60);
                                        //使用cookie保存session名称和ID
    //设置session内容
    $_SESSION['user']='Anne';
```

```
    $_SESSION['password']='mypassword';
    echo '<a href=b.php>登录</a>';          //输出登录链接
?>
```

b.php 文件内容如下：

```
<?php
    session_start();                 //取回 session
    //判断用户名和密码是否正确并输出对应的欢迎信息
    if($_SESSION['user']=='Anne'&&$_SESSION['password']=='mypass
word')
        echo "欢迎{$_SESSION['user']}回来~~~";
    else
        echo "欢迎游客光临本站~~~";
?>
```

首先运行 a.php 程序，显示结果为：

登录

由于 a.php 文件中的用户名和密码都与 b.php 文件中的用户名和密码一致，因此可以作为注册用户登录。单击"登录"链接后，将跳转到 b.php 程序，显示结果为：

欢迎 Anne 回来~~~

下面将 a.php 文件中的用户名或密码修改为同 b.php 文件中用户名和密码不对应后，再次运行 a.php 程序，单击"登录"链接后，显示结果为：

欢迎游客光临本站~~~

从以上的例子可以看到，使用 Session 实现了两个页面的传递。如果禁用了 Cookie，则无法实现该功能。浏览器都提供了禁用 Cookie 的选项，这里以 IE 浏览器为例，在 IE 浏览器的 Internet 选项中进行设置。在"Internet 选项"对话框中，单击"隐私"选项卡。单击"高级"按钮，弹出"高级隐私设置"对话框。然后，选择"阻止"单选按钮，取消勾选"总是允许会话 Cookie"复选框，如图 4-3 所示。

此时，将实例中两个文件中的用户名和密码设置为一致后，执行 a.php 文件并单击"登录"链接，显示结果为：

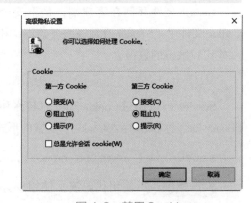

图 4-3 禁用 Cookie

```
Notice: Undefined index: user in D:\Apache24\htdocs\b.php on
line 4
欢迎游客光临本站~~~
```

以上结果显示是以游客身份登录的，并且有一条 user 变量未定义的提示信息。这就是因为

Cookie被禁用，导致a.php文件创建的Session不能被b.php文件取回。

2. 以重写URL方式传送Session名称和ID

在禁用Cookie后，可以看到依赖Cookie的【实例4-10】就不能正常运行了。Session需要通过Session的名称和ID来取回存在的Session信息。此时，用户可以通过在链接中显式的传递这些信息以供Session取回正确的Session信息。在地址中显示的传递信息可以是以下形式：

URL地址？参数

将Session的名称和ID作为参数：

URL地址?session_name() = session_id()

实例 4-11 使用代码演示将【实例4-10】改写为不依赖Cookie工作的站点。其中，a.php文件如下：

```php
<?php
    session_start();                            //创建session
    $sid=session_name().'='.session_id();  //将session名称和ID连接
    //设置session内容
    $_SESSION['user']='Anne';
    $_SESSION['password']='mypassword';
    echo "<a href=b.php?{$sid}>登录</a>";      //输出登录链接
?>
```

b. php文件如下：

```php
<?php
    session_start();                            //取回session
    //判断用户名和密码是否正确并输出对应的欢迎信息
    if($_SESSION['user']=='Anne'&& $_SESSION['password']=='mypas
sword')
        echo "欢迎{$_SESSION['user']}回来~~~";
    else
        echo "欢迎游客光临本站~~~";
?>
```

这里同样先运行a.php文件，出现登录界面。单击"登录"链接，显示结果为：

欢迎Anne回来~~~

从运行结果可以看到，成功实现了不依赖Cookie来记录信息。这种方法非常常见，它以下面的形式传递Session信息：

session_name() . '=' .session_id()

因此PHP将以上语句的值定义为常量SID。此时，可以将a.php文件改写如下：

```php
<?php
```

```
    session_start();                        //创建session
    $sid=SID;                               //获取Session名称和ID
    //设置session内容
    $_SESSION['user']='Anne';
    $_SESSION['password']='mypassword';
    echo "<a href=b.php?{$sid}>登录</a>";    //输出登录链接
?>
```

执行效果同【实例4-11】中a.php文件的执行效果一样，这里就不再演示。

4.2.5 Session 和 Cookie 的区别

HTTP是无状态的协议，客户端每次读取Web页面时，服务器都会打开新的会话。而且，服务器也不会自动维护客户的上下文信息。Session就是一种保存上下文信息的机制。针对每一个用户，Session的内容在服务器端，通过Session ID来区分不同的客户。Session是以Cookie或URL重写为基础的，默认用Cookie来实现。系统会创建名为JSESSIONID的输出Cookie，称为Session Cookie，以区分Persistent Cookie。

注意，Session Cookie存储于浏览器内存中，并不是写到磁盘上。所以，JSESSIONID通常看不到。当禁用浏览器的Cookie后，Web服务器会采用URL重写的方式传递Session ID。此时，在浏览器中可以看到session_id=HJHADKSFHKAJSHFJ之类的字符串。针对某一次会话而言，会话结束，Session Cookie也就消失了。

Session与Cookie的主要区别如下：

（1）Session保存在服务器上，客户端不知道其中的信息。Cookie保存在客户端，服务器可以知道其中的信息。

（2）Session中保存的是对象，Cookie中保存的是字符串。

（3）Session不能区分路径，同一个用户在访问网站期间，所有的Session在任何一个地方都可以访问到。如果Cookie中设置了路径参数，那么同一个网站中不同路径下的Cookie是不能互相访问的。

（4）Session需要借助Cookie才能正常工作。如果客户端完全禁用Cookie，Session将失效。

创建并读取 Session 值

任务描述

注册两个Session变量，名称分别为username和uid。然后，为这两个变量分别赋值为test和1。

任务实施

使用代码注册两个Session变量，如下所示：

```
<?php
    session_start();                    //启动Session
    $_SESSION['username']='test';       //注册Session变量，赋值为test
```

```
    $_SESSION['uid']=1;                      //注册Session变量，赋值为1
?>
```

访问以上程序后，在服务器上找到保存的Session变量文件。打开后看到的内容如下所示：

```
username|s:4:"test";uid|i:1;
```

4.3 Session 高级应用

前面介绍了Session的一些基础知识，可以实现简单的创建和删除Session。Session技术还有一些高级应用，如Session临时文件、Session缓存、Session自动回收等。

4.3.1 Session 临时文件

在服务器上，如果将所有用户的Session都保存到临时目录中，会降低服务器的安全性和效率，打开服务器存储的站点非常慢。在Windows上，PHP默认的Session服务器端文件存放在C:\Windows\Temp。如果并发访问量很大或Session建立太多，该目录下就会存在大量类似sess_xxxxxx的Session文件。同一目录下文件过多会导致性能下降，并且可能受到攻击，最终出现文件系统错误。针对这样的情况，PHP本身提供了比较好的解决办法。在PHP中，使用session_save_path()可以解决该问题。

使用PHP函数session_save_path()存储Session临时文件，可以缓解因临时文件的存储导致服务器效率降低和站点打开缓慢的问题。

实例 4-12 使用session_save_path()函数设置存储Session临时文件的路径。

```php
<?php
    $path='./tmp/';
    session_save_path($path);
    session_start();
    $_SESSION['user_name']=true;
?>
```

在以上代码中，session_save_path()函数应在session_start()函数之前调用。

4.3.2 Session 缓存

Session缓存是将网页中的内容临时存储到客户端的Temporary internet Files文件夹下，并且可以设置缓存时间。第一次浏览网页后，页面的部分内容在规定的时间内就被临时存储在客户端的临时文件夹中。这样在下次访问这个页面的时候，就可以直接读取缓存中的内容，从而提供网站的浏览效率。Session缓存的作用如下：

（1）减少访问数据库的频率。应用程序从缓存中读取持久化对象的速度显然快于从数据库中检索数据的速度。

（2）当缓存中的持久化对象之间存在循环关联关系时，Session会保证访问对象时不出现死循环，以及由死循环引发的堆栈溢出。

（3）保证数据库中的相关记录与缓存中的记录同步。Session在清理缓存时，会自动进行"脏"数据检查。如果发现Session缓存中的对象与数据库中的相应记录不一致，则会按最新的对象属性更新数据库。

Session缓存使用的是session_cache_limiter()函数。语法格式如下：

```
session_cache_limiter(cache_limiter)
```

参数cache_limiter为public或private。同时Session缓存不是在服务器端，而是在客户端，在服务器上没有显示。

缓存时间可以使用session_cache_expire()函数设置。语法格式如下：

```
session_cache_expire(cache_expire);
```

参数cache_expire是Session缓存的时间，单位为分钟。

> 注意：session_cache_limiter()和session_cache_expire()函数必须在session_start()函数之前调用，否则会出错。

实例 4-13 使用代码演示Session缓存页面的过程。

```php
<?php
    session_cache_limiter('private');
    $cache_limit=session_cache_limiter();    //开启客户端缓存
    session_cache_expire(30);
    $cache_expire=session_cache_expire();    //设定客户端缓存时间
    session_start();
?>
```

4.3.3 Session自动回收

一般情况下，通过页面上的"退出"按钮，销毁本次会话。但是，在用户没有单击"退出"按钮而是直接关闭浏览器，或者断网，或者断电并直接关闭计算机的情况下，在服务器端保存的Session文件是不会被删除的。虽然关闭了浏览器，下次需要分配新的Session ID重新登录。但这只是因为在php.ini中设置了session.cookie_lifetime=0，以设定Session ID在客户端Cookie中的有效期限，同时以秒为单位指定发送到浏览器的Cookie的生命周期。值默认为0，表示"直到关闭浏览器"。

当系统赋予Session有效期限后，不管浏览器是否开启，Session ID都会自动消失。客户端的Session ID消失，但服务器端保存的Session文件并没有被删除。所以，没有被Session ID引用的服务器端Session文件，就成为"垃圾"。为了防止这些"垃圾"对系统造成过大的负荷（因为Session并不像Cookie那样半永久性存在），对于永远也用不上的Session文件，系统有自动清理的机制。

服务器端保存的Session文件就是普通的文本文件，所以都会有文件的修改时间。"垃圾回收程序"启动后,就是根据Session文件的修改时间,将过期的Session文件全部删除。下面介绍"垃圾回收程序"的启动机制及设置"垃圾回收程序"的概率。

1. "垃圾回收程序"的启动机制

"垃圾回收程序"是在调用session_start()函数时启动的。而一个网站有多个脚本,每个脚本又都要使用session_start()函数开启会话。而且,又会有很多用户同时访问,这就很有可能使得session_start()函数在1秒内被调用N次。如果每次都启动"垃圾回收程序",一天也要清理100多次,这样太频繁了。通过php.ini配置文件中的配置项,可以设置"垃圾回收程序"的概率。

2. 设置"垃圾回收程序"的概率

通过php.ini配置文件中的session.gc_probability 和session.gc_divisor两个配置项,可以设置启动"垃圾回收程序"的概率。系统会根据session.gc_probability/session.gc_divisor公式计算概率。例如,选项session.gc_probability=1,选项session.gc_divisor=100,这样概率就变成了1/100,也就是session_start()函数被调用100次才会启动一次"垃圾回收程序"。所以,对会话页面访问越频繁,启动的概率就越来越小。一般的建议是调用1000~5000次才会启动一次:1/(1000—5000)。

4.3.4 Session 的配置

在php.ini配置文件中,有很多与Session相关的配置选项,形式是"session.*"。在前面也提到过几个配置项,下面将介绍一些其他常用的Session配置项。

1. session.save_handler

```
session.save_handler = files
```

该选项定义用来存储和获取Session数据的处理器的名字,默认值为files,也就是使用文件来存储Session。在Windows系统下,必须改变该选项才能使用Session相关函数,不过使用函数session_set_save_handler()可以在网页中改变这个配置。

2. session.auto_start

```
session.auto_start = 0
```

指定会话模块是否在请求开始时自动启动一个会话,默认是0,表示不启动。自动启动会话可以维护由单个客户端发布的一组请求信息,每个网页请求都会启动创建会话。如果网页不依赖会话信息,那么就应该关闭自动启动,这样可以减少PHP应用程序服务器处理脚本的时间,从而提高效率。如果特定的网页需要提供会话支持,可以在网页内调用函数session_start()启动Session。

> 注:使用函数session_start()之前浏览器不能有任何输出,否则会出错。

3. session.serialize_handler

```
session.serialize_handler = php
```

定义用来序列化或逆序列化的处理器名字，当前支持php内部格式（名为php）和WDDX（名为wddx），默认为php。但是，如果php编译时加入了wddx支持，则只能用wddx。

4. session.gc_probability

```
session.gc_probability = 1
```

该项和session.gc_divisor项配合使用，可以管理gc（garbage collection，垃圾回收）进程启动的概率，默认为1。

5. session.gc_divisor

```
session.gc_divisor = 1000
```

与session.gc_probability项配合起来使用，定义了在每个会话初始化时启动gc进程的概率。此概率使用session.gc_probability/session.gc_divisor计算获得。例如，1/100 意味着在每个请求中有 1% 的概率启动gc进程。

6. session.gc_maxlifetime

```
session.gc_maxlifetime = 1440
```

指定过了多少秒后数据就会被视为"垃圾"，将会执行gc，从而被清除。关于这项配置需要注意的地方有以下两点：

（1）如果不同的脚本具有不同的session.gc_maxlifetime数值，但是共享了同一个地方存储会话数据，则具有最小数值的脚本会清除数据。在这种情况下，可以与session.save_path一起使用本指令。

（2）如果使用默认的基于文本的会话处理器，则文件系统必须保持跟踪访问时间（atime）。Windows FAT 文件系统不行。因此，如果必须使用FAT 文件系统或不能跟踪atime 的文件系统，那么就需要使用别的办法来处理会话数据的垃圾回收。自PHP 4.2.3 起用mtime（修改时间）来代替了atime。因此，对于不能跟踪atime 的文件系统来说也没问题了。

7. session.referer_check

```
session.referer_check =
```

包含用来检查每个HTTP Referer 的子串。如果客户端发送了Referer 信息，但是在其中并未找到该子串，则嵌入的会话ID 会被标记无效。该子串默认为空字符串。

8. session.use_cookies

```
session.use_cookies = 1
```

指定是否在客户端用Cookie 来存放会话ID，默认为1（表示启用）。

9. session.use_only_cookies

```
session.use_only_cookies = 1
```

指定是否在客户端仅仅使用Cookie 来存放会话ID，启用此设置可以防止别有用心者通过

URL传递会话ID的攻击。

10. session.cookie_lifetime

```
session.cookie_lifetime = 0
```

以秒数指定发送到浏览器的Cookie的生命周期，默认值为0，表示"直到关闭浏览器"。在网页中也可以使用session_get_cookie_params()函数来读取其值和使用session_set_cookie_params()函数来改变该值。

11. session.cookie_path

```
session.cookie_path = /
```

指定要使用的会话Cookie的路径，默认为"/"。在网页中也可以使用session_get_cookie_params()函数来读取其值和使用session_set_cookie_params()函数来改变该值。

12. session.cookie_domain

```
session.cookie_domain =
```

指定要使用的Cookie的域名，默认为空，表示将根据Cookie规范产生Cookie的主机名。在网页中可以使用session_get_cookie_params()函数来读取其值和使用session_set_cookie_params()函数来改变该值。

13. session.cookie_secure

```
session.cookie_secure =
```

指定是否只通过安全链接发送Cookie，默认为off。在网页中可以使用session_get_cookie_params()函数来读取其值和使用session_set_cookie_params()函数来改变该值。

14. session.cache_limiter

```
session.cache_limiter = nocache
```

指定会话页面使用的缓存控制方法，可选值包括none、nocache、private、private_no_expire、public，默认为nocache。在页面中也可以使用session_cache_limiter()函数控制。

15. session.cache_expire

```
session.cache_expire = 180
```

指定缓存的会话页面的存活期，以分钟为单位，默认为180。但此设置对nocache缓存控制方法无效。在页面中也可以使用session_cache_expire()函数控制。

16. session.use_trans_sid

```
session.use_trans_sid = 0
```

指定是否启用透明SID支持，默认为0（表示禁用）。对于PHP 4.1.2及以下版本，可以通过加入--enable-trans-sid配置选项去编译来启用。从PHP 4.2.0起，--enable-trans-sid特性总是被编译。基于URL的会话管理比基于Cookie的会话管理有更多的安全风险。例如，用户可以通过E-mail将一个包含有效的会话ID的URL发给他的朋友，或者用户总是有可能在收藏夹中存一个包含会话ID的URL来用同样的会话ID访问站点。如果浏览器关闭了Cookie支持，但还想用Session，则必须激活该选项，即将该值设为1。

1. 使用浏览器的开发者工具查看Cookie

Cookie保存在HTTP请求头中，所以在地址栏或显示的网页中无法看到Cookie值。对于开发者来说，如果想要确定是否成功读取了Cookie，可以通过浏览器的开发工具快速查看。

实例4-14 下面以前面的程序为例，演示使用谷歌浏览器的开发者工具查看Cookie值。

（1）成功运行程序后，按下F12键，启动谷歌浏览器的开发者工具。然后，单击"应用"命令，打开"应用"选项卡。在左侧列表的"存储"部分，单击Cookie选项，即可看到所有包含Cookie的网址。

（2）选择任意网址，即可看到该网址对应的Cookie值，如图4-4所示。从该界面可以看到，网址http://127.0.0.1/中包括三个Cookie信息。其中，这三个Cookie的名称分别为mycookie、name和register，对应的值为time、Tom和1644892224。

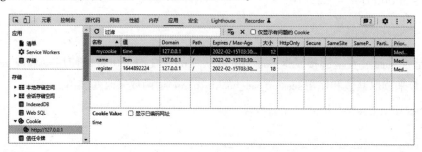

图4-4　Cookie信息

2. 使用浏览器的开发者工具查看Session ID

Session是存放在服务器上的，所以客户端无法查看。此时，通过浏览器的开发者工具，则可以查看其Session ID。服务器运行代码session_start后，会自动生成一个Session ID，存放在Cookie中。该Cookie的名称默认为PHPSESSID，值为Session ID。

实例4-15 下面以前面的程序为例，演示使用谷歌浏览器的开发者工具查看Session值。

（1）成功运行程序后，按下F12键，启动谷歌浏览器的开发者工具。然后，单击"应用"命令，打开"应用"选项卡。在左侧列表的"存储"部分，单击Cookie选项，即可看到所有包含Cookie的网址。

（2）选择任意网址，即可看到对应的Cookie和Session信息。其中，名称为PHPSESSID的值，就是Session ID，如图4-5所示。从该界面可以看到，当前Session ID为si7ifcuo92olglqebflbj6l9r0。

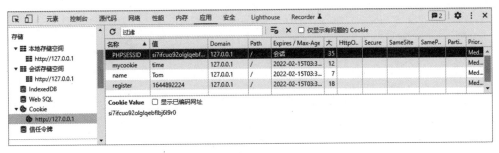

图 4-5　Session ID

本章习题

一、填空题

（1）当 Cookie 设置后，可以通过 PHP 预定义变量 _____ 来获取 Cookie。

（2）当 Session 设置后，可以通过 PHP 预定义变量 _____ 来读取 Session。

二、选择题

（1）下面（　　　）函数用来创建和删除 Cookie。

A. setcookie()　　　　　　　　B. $_COOKIE　　　　　　　C. session_start()

（2）下面（　　　）函数用来启动 Session。

A. session_name()　　　　　　B. session_id　　　　　　　C. session_start()

三、判断题

（1）Cookie 信息存储在服务器端，无法查看。Session 存储在客户端可以查看。　　（　　　）

（2）Session 需要借助 Cookie 才能正常工作。如果客户端完全禁用 Cookie，Session 将失效。

（　　　）

四、操作题

（1）设置两个 Cookie，分别保存登录的用户名和密码。其中，设置"用户"的有效期到 2022 年 5 月 1 日，"密码"在关闭浏览器时即可失效。

（2）设置两个 Session 变量，分别保存登录的用户名和密码。

第 5 章

MySQL 数据库与 SQL 语句

Web 程序中的各类数据都需要使用数据库来存储，只有配合使用数据库，PHP 才能发挥其最大功效。PHP 支持多种数据库，尤其是与 MySQL 被称为黄金组合。本章将介绍在 MySQL 命令行中，通过 SQL 语句对数据库进行操作。通过本章的学习，读者不但可以轻松掌握操作 MySQL 数据库、数据表的方法，还可以学习对 MySQL 数据库进行查询等操作。

MySQL 数据库与
SQL 语句

1. MySQL 概述

动态网站开发离不开数据存储，数据存储离不开数据库。数据库是存储和维护信息的仓库，是按照数据结构来组织、存储和管理信息的仓库。数据库由多张数据表组成，信息以二维表的形式组织存储于各数据表中，结构类似于电子表格 Excel。

MySQL 是由 MySQL AB 公司开发的一种开源的关系数据库管理系统，现在由 Oracle 公司维护。目前，大多数数据库是关系数据库。关系数据库是数据库类别中的一种，它将数据组织成表，并表现为表与表之间的关系。通过这种关系，数据库管理系统可以从不同的表中提取某种特定的数据集合。MySQL 使用结构化查询语言 SQL 进行数据库管理。

2. MySQL 的特点

MySQL 是一款免费软件，它基于开放软件的理念，提供免费和低成本的数据库解决方案。重要的是，它在性能、安全和稳定性方面，完全可以满足大多数 Web 开发的需要。MySQL 的特点就是灵活而不失强大。和 Oracle 等 DBMS 相比，它本身并不庞大，但仍然集中了大量特性，使其快速高效。因此，对于中小规模的数据库需求来说，它已足够。下面介绍 MySQL 的主要特点。

（1）支持跨平台：MySQL 可以部署在不同的操作系统，数据库无须做任何修改就可实现平台之间的移植。

（2）运行速度快：MySQL 使用 B 树、磁盘表（MyISAM）和索引压缩，使用高度优化的类库实现 MySQL 函数，运行速度极快。

（3）开源软件：MySQL 是一款开放源代码的免费软件，用户既可以从网络中下载，也可以修改其源代码。

（4）功能强大：MySQL 是一个强大的关系数据库管理系统，使用结构化查询语言 SQL 进行数据库管理。

MySQL 的特性还有很多，在实际使用中，我们可以根据这些特性，来确定其在软件项目中的应用。MySQL 不仅是小型网站数据库的最好选择，在一些大型项目中的表现也令人满意。

3. MySQL 数据类型

数据类型也称为字段类型。在创建数据表时，要指定字段的数据类型，MySQL 根据字段的数据类型来决定如何存储数据。MySQL 支持的数据类型主要包括三类，分别为数字类型、字符串类型、日期和时间类型。MySQL 常用数据类型见表 5-1 所列。

表 5-1　MySQL 常用数据类型

分类	数据类型	取值范围	单位/说明
整型	tinyint	符号值：−128~127，无符号值：0~255	1B/最小的整数

分类	数据类型	取值范围	单位/说明
	smallint	符号值：-32768~32768，无符号值：0~65535	2B/小型整数
	mediumint	符号值：-8388608~8388608 无符号值：0~16777215	3B/中型整数
	int	符号值：-2147483648~2147483648 无符号值：0~4294967295	4B/标准整数
	bigint	符号值：-9223372036854775808 ~9223372036854775808 无符号值：0~18446744073709551615	8B/大整数
点型	float	+(-)3.402823466E+38	单精度浮点数
	double	+(-)1.7976931348623157E+308 +(-)2.2250738585072014E-308	双精度浮点数
	decimal	可变	自定义长度/一般浮点数
字符串类型	char	0~255 个字符	固定长度，当存储数据长度小于指定长时，用空格补充
	varchar	0~255 个字符	可变长度，只存储的实际数据，不会为数据填补空格
	text	1~65535	存储长文本
	blob	1~65535	存储二进制数据，支持任何数据，如文本、声音和图像等
日期时间类型	date	'1000-01-01'~'9999-12-31'	日期，存储格式为 YYYY-MM-DD
	time	'-838:59:59'~'835:59:59"	时间，存储格式为 HH:MM:SS
	datetime	'1000-01-01 00:00:00'~'9999-12-31 23:59:59'	日期和时间，存储格式为 YYYY-MM-DD HH:MM:SS
	timestamp	'1970-01-01 00:00:00' 至 2037 年的某个时间	时间标签，在处理报告时使用显示格式取决于 M 的值
	year	'1901'~'2155'	年份可指定两位数字和四位数字的格式

提示：在创建表之前，首先需要考虑好各字段应该采用的数据类型。例如，一个字段用来存放班级学生的人数，就要使用无符号的 INT 数据类型。又如，一个字段用来存放用户提交的意见或建议，就应该考虑使用 VARCHAR 类型或 TEXT 类型。这些都需要读者在实践中掌握。

PHP 网站开发案例与实战 / ,,,,,,

4. 什么是SQL语句

结构化查询语言（Structured Query Language，SQL），是一种特殊目的的编程语言，是一种数据库查询和程序设计语言，用于存取数据及查询、更新和管理关系数据库系统。

 5.1 操作MySQL数据库

MySQL数据库安装好以后，首先需要创建数据库，这是使用MySQL各种功能的前提。本节将详细讲解数据库的基本操作，主要内容包括查看数据库、创建数据库、选择指定数据库、删除数据库等。

5.1.1 查看数据库

MySQL安装完成以后，将会在data目录下自动创建几个必需的数据库。此时，可以使用SHOW DATABASE语句查看当前所有存在的数据库。语法格式如下：

```
SHOW DATABASE
```

SQL命令中的关键字通常建议使用大写。而且，一条SQL命令必须以分号结束。

实例 5-1 下面查看当前MySQL中的所有数据库。代码如下所示：

```
mysql> SHOW DATABASES;
+--------------------------------+
| Database                       |
+--------------------------------+
| information_schema             |
| mysql                          |
| performance_schema             |
| sys                            |
+--------------------------------+
4 rows in set (0.03 sec)
```

从输出信息中可以看到，数据库列表中包含了4个数据库，分别为information_schema、mysql、performance_schema和sys。

5.1.2 创建数据库

在一个数据库系统中可以有多个数据库。为了使对数据库的操作不会影响其他数据库，而

导致系统不稳定,建议创建一个用于练习的数据库,将学习环境和生产环境分离。创建数据库的语法格式如下:

```
CREATE DATABASE 数据库名称
```

在创建数据库时,数据库命名有以下几项规则。

(1)不能与其他数据库重名,否则将发生错误。

(2)名称可以由任意字母、阿拉伯数字、下划线(_)和"$"组成,可以使用上述的任意字符开头。名称不能使用单独的数字,否则会造成它与数值混淆。

(3)名称最长可为 64 个字符,而别名最多可长达 256 个字符。

(4)不能使用 MySQL 关键字作为数据库名、表名。

(5)在默认情况下,Windows 下数据库名、表名的大小写是不敏感的。而在 Linux 下数据库名、表名的大小写是敏感的。为了编译数据库在平台间移植,建议使用小写来定义数据库名和表名。

实例 5-2 下面创建一个名为 mydatabase 的数据库。

```
mysql> CREATE DATABASE mydatabase;
Query OK, 1 row affected (0.01 sec)
```

为了确定数据库是否创建成功,可以再次查看数据库列表,结果如下:

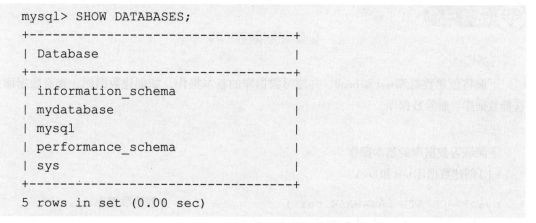

```
mysql> SHOW DATABASES;
+--------------------------------+
| Database                       |
+--------------------------------+
| information_schema             |
| mydatabase                     |
| mysql                          |
| performance_schema             |
| sys                            |
+--------------------------------+
5 rows in set (0.00 sec)
```

从查询结果中可以看到,mydatabase 数据库创建成功。此时,在 MySQL 安装目录的 data 目录下,将看到名为 mydatabase 的文件夹。

5.1.3 选择指定数据库

在一个数据库管理系统中,通常有多个数据库。直接用来存储数据的是数据库中的数据表,所以用户必须选择一个数据库来操作。另外,用户成功创建数据库后,也不会自动选择该数据库。use 语句用于选择一个数据库,使其成为当前默认数据库。语法格式如下:

```
use 数据库名
```

实例 5-3 下面选择名为 mydatabase 的数据库,设置其为当前默认的数据库。

```
mysql> use mydatabase;
Database changed
```

输出信息"Database changed"表示成功选择了指定的数据库。

5.1.4 删除数据库

当一个数据库不再需要使用的时候，可以将其删除。使用DROP DATABASE语句可以删除数据库。语法格式如下：

```
DROP DATABASE 数据库名
```

实例 5-4　下面删除mydatabase数据库。

```
mysql> DROP DATABASE mydatabase;
Query OK, 0 rows affected (0.03 sec)
```

> 提示：删除数据库时应该谨慎，一旦执行该操作，数据库的所有结构和数据都会被删除，没有恢复的可能，除非数据库有备份。而且，使用DROP DATABASE命令时，MySQL也不会给出任何提醒或确认信息。

 任务 5-1

创建和删除数据库

任务描述

下面将创建数据库test和book，并练习数据库的基本操作，如创建数据库、查看数据库、选择数据库、删除数据库。

任务实施

下面练习数据库的基本操作。

（1）创建数据库test和book。

```
mysql> CREATE DATABASE test;          #创建数据库test
Query OK, 1 row affected (0.01 sec)
mysql> CREATE DATABASE book;          #创建数据库book
Query OK, 1 row affected (0.01 sec)
```

（2）查看数据库列表。

```
mysql> SHOW DATABASES;                #查看数据库列表
+----------------------------------+
| Database                         |
+----------------------------------+
| book                             |
| information_schema               |
| mydatabase                       |
| mysql                            |
```

```
| performance_schema              |
| sys                             |
| test                            |
+---------------------------------+
7 rows in set (0.00 sec)
```

从输出信息中可以看到，test 和 book 数据库已成功创建。

（3）选择 test 数据库。

```
mysql> USE test;
Database changed
```

（4）删除数据库 test。

```
mysql> DROP DATABASE test;
Query OK, 0 rows affected (0.01 sec)
```

（5）再次查看数据库列表。

```
mysql> SHOW DATABASES;
+---------------------------------+
| Database                        |
+---------------------------------+
| book                            |
| information_schema              |
| mydatabase                      |
| mysql                           |
| performance_schema              |
| sys                             |
+---------------------------------+
6 rows in set (0.00 sec)
```

从输出信息中可以看到，数据库 test 已成功删除。

 ## 5.2 操作 MySQL 数据表

数据表是存储信息的容器，信息以二维表的形式存储于数据表中。数据表由列和行组成。表的列也称为字段，每个字段用于存储某种数据类型的信息。表的行也称为记录，每条记录为存储在表中的一条完整的信息。当用户选择数据库后，即可在指定的数据库中对数据表进行操作，如创建数据表、修改表结构、删除数据表等。本节将讲解操作 MySQL 数据表。

5.2.1 创建表

创建数据表可以使用 CREATE TABLE 语句，语法格式如下：

CREATE TABLE数据表名(数据表定义)

数据表名由自己定义。数据表定义通常会定义该数据表的字段名、字段类型、数据宽度、是否可以为空、主键、自动增加、默认值、注释。语法格式如下:

```
column_name column_type[(column_length)] [NOT NULL] [PRIMARY
KEY] [AUTO_INCREMENT] [DEFAULT default_value] [reference_
definition]
```

以上形式中,每个属性及其含义如下。

(1)column_name:字段名。

(2)column_type:字段类型。

(3)column_length:字段宽度。

(4)Not NULL | NULL:该列是否允许为空,系统一般默认允许为空值。所以,当不允许为空值时,必须使用NOT NULL。

(5)Primary key:该列是否为主键。一个表只能有一个PRIMARY KEY。如果表中没有PRIMARY KEY,而某些应用程序需要PRIMARY KEY,MySQL将返回第一个没有任何NULL列的UNIQUE键,作为PRIMARY KEY。

(6)AUTO_INCREMENT:该类是否自动编号。每个表只能有一个AUTO_INCREMENT列,并且必须被索引。

(7)DEFAULT default_value:表示默认值。

(8)reference_definition:为字段添加注释。

以上是创建数据表的一些基础知识,看起来非常复杂。我们在实际应用中使用最基本的格式创建数据表即可,具体格式如下:

CREATE TABLE 表名 (列名1 属性,列名2 属性,…);

实例 5-5 下面在数据库mydatabase中,创建一个名为tb_admin的数据表。该表包括id、username和password三个字段。

```
mysql> CREATE TABLE tb_admin(id INT NOT NULL PRIMARY KEY AUTO_
INCREMENT,username VARCHAR(20) NOT NULL,password VARCHAR(20) NOT
NULL);
Query OK, 0 rows affected (0.05 sec)
```

从输出信息中可以看到,数据表tb_admin成功创建。

5.2.2 查看数据库中的表

在一个数据库中,可以包括多个数据表。如果要查看数据库中的数据表,可以使用SHOW TABLES语句查看。语法格式如下:

SHOW TABLES

实例 5-6 查看数据库mydatabase中的数据表。

```
mysql> SHOW TABLES;
+--------------------------------+
| Tables_in_mydatabase           |
+--------------------------------+
| tb_admin                       |
+--------------------------------+
1 row in set (0.00 sec)
```

从输出信息中可以看到，mydatabase 数据库中有一个数据表，名为 tb_admin。

5.2.3 查看数据表结构

创建完数据表后，可以使用 SHOW COLUMNS 语句或 DESCRIBE 语句查看指定数据表的表结构。下面分别对这两个语句进行介绍。

1. SHOW COLUMNS 语句

SHOW COLUMNS 语句的语法格式如下：

SHOW COLUMNS FROM 数据表名 [FROM 数据库名]

或

SHOW COLUMNS FROM 数据表名 . 数据库名

实例 5-7　下面使用 SHOW COLUMNS 语句查看数据表 tb_admin 结构。

```
mysql> SHOW COLUMNS FROM tb_admin;
+----------+-------------+------+-----+-------+----------------+
| Field    | Type        | Null | Key |Default| Extra          |
+----------+-------------+------+-----+-------+----------------+
| id       | int         | NO   | PRI | NULL  | auto_increment |
| username | varchar(20) | NO   |     | NULL  |                |
| password | varchar(20) | NO   |     | NULL  |                |
+----------+-------------+------+-----+-------+----------------+
3 rows in set (0.00 sec)
```

2. DESCRIBE 语句

DESCRIBE 语句的语法格式如下：

DESCRIBE 数据表名

其中，DESCRIBE 可以写成 DESC。在查看表结构时，也可以只列出某一列的信息。语法格式如下：

DESCRIBE 数据表名 列名

实例 5-8　查看 tb_admin 数据表结构。

```
mysql> DESCRIBE tb_admin;
```

```
+----------+-------------+------+-----+---------+----------------+
| Field    | Type        | Null | Key | Default | Extra          |
+----------+-------------+------+-----+---------+----------------+
| id       | int         | NO   | PRI | NULL    | auto_increment |
| username | varchar(20) | NO   |     | NULL    |                |
| password | varchar(20) | NO   |     | NULL    |                |
+----------+-------------+------+-----+---------+----------------+
3 rows in set (0.00 sec)
```

实例 5-9 查看tb_admin数据表中username和password列信息。

```
mysql> DESCRIBE tb_admin username;
+----------+-------------+------+-----+---------+----------------+
| Field    | Type        | Null | Key | Default | Extra          |
+----------+-------------+------+-----+---------+----------------+
| username | varchar(20) | NO   |     | NULL    |                |
+----------+-------------+------+-----+---------+----------------+
1 row in set (0.00 sec)
```

下面使用DESCRIBE语句的简写形式查看数据表tb_admin中的password列信息。

```
mysql> DESC tb_admin password;
+----------+-------------+------+-----+---------+----------------+
| Field    | Type        | Null | Key | Default | Extra          |
+----------+-------------+------+-----+---------+----------------+
| password | varchar(20) | NO   |     | NULL    |                |
+----------+-------------+------+-----+---------+----------------+
1 row in set (0.00 sec)
```

5.2.4 修改数据表结构

数据表在创建好之后通常不会频繁改动，但是在某些时候改动表结构是必要的。例如，一个社交网站上记录用户的数据表在初期id的数据类型设置为TINYINT型。如果注册的用户非常多，则需要使用取值范围更大的数据类型。

修改数据表结构使用ALTER TABLE语句。修改表结构是指增加或删除字段、修改字段名称或字段类型，设置取消主键外键、设置取消索引及修改表的注释等。语法格式如下：

```
ALTER[IGNORE] TABLE alter_spec[,alter_spec]...
```

当指定IGNORE时，如果出现重复关键的行，则只执行一行，其他重复的行被删除。其中，alter_spec子句定义要修改的内容。语法格式如下：

```
指定修改的内容：
ADD [COLUMN] create_definition [FIRST | AFTER column_name]
                                            #添加新字段
```

```
ADD INDEX [index_name] (index_col_name,...)        #添加索引名称
ADD PRIMARY KEY(index_col_name,...)                #添加主键名称
ADD UNIQUE [index_name] (index_col_name,...)       #添加唯一索引
ALTER[COLUMN] col_name {SET DEFAULT literal |DROP DEFAULT}
                                                   #添加字段名称
CHANGE [COLUMN] old_col_name create_definition     #修改字段类型
MODIFY [COLUMN] create_definition                  #修改子句定义字段
DROP [COLUMN] col_name                             #删除字段名称
DROP PRIMARY KEY                                   #删除主键名称
DROP INDEX index_name                              #删除索引名称
RENAME[AS] new_tbl_name                            #更改表名
table_options
```

ALTER_TABLE语句允许指定多个动作，其动作间使用逗号分隔，每个动作表示对数据表的一个修改。

实例 5-10 下面在数据表tb_admin中添加一个新的字段email，类型为VARCHAR(50) NOT NULL，将字段username的类型由VARCHAR(20)改为VARCHAR(30)。

```
mysql> ALTER TABLE tb_admin ADD email VARCHAR(50) NOT
NULL,MODIFY username VARCHAR(30);
Query OK, 0 rows affected (0.07 sec)
Records: 0  Duplicates: 0  Warnings: 0
```

此时，使用DESCRIBE语句，查看修改后的数据表结构。

```
mysql> DESCRIBE tb_admin;
+----------+-------------+------+-----+-------+----------------+
| Field    | Type        | Null | Key | Default | Extra        |
+----------+-------------+------+-----+-------+----------------+
| id       | int         | NO   | PRI | NULL  | auto_increment |
| username | varchar(30) | YES  |     | NULL  |                |
| password | varchar(20) | NO   |     | NULL  |                |
| email    | varchar(50) | NO   |     | NULL  |                |
+----------+-------------+------+-----+-------+----------------+
4 rows in set (0.00 sec)
```

从显示结果中可以看到，成功添加了email字段。而且，username字段的类型也被修改为varchar(30)。

> 提示：使用ALTER修改表列，前提必须将表中数据全部删除，然后才可以修改表列。

5.2.5 重命名数据表

使用RENAME TABLE语句重命名数据表，语法格式如下：

```
RENAME TABLE 数据表名1 TO 数据表名2
```

以上语句可以同时对多个数据表进行重命名，多个表之间以逗号 "," 分隔。

实例 5-11 下面对数据表tb_admin重命名，修改后的数据表为tb_user。

```
mysql> RENAME TABLE tb_admin To tb_user;
Query OK, 0 rows affected (0.02 sec)
```

5.2.6 删除指定数据表

删除数据表的操作很简单，同删除数据库的操作类似，使用DROP TABLE语句即可实现。语法格式如下：

```
DROP TABLE 数据表名
```

实例 5-12 下面删除数据表tb_user。

```
mysql> DROP TABLE tb_user;
Query OK, 0 rows affected (0.02 sec)
```

> 注意：删除数据表的操作应该谨慎使用。一旦删除了数据表，则表中的数据将会全部清除，没有备份则无法恢复。

在删除数据表的过程中，若删除一个不存在的表将会产生错误。如果在删除语句中加入IF EXISTS关键字就不会出错了。语法格式如下：

```
DROP TABLE IF EXISTS 数据表名
```

 任务 5-2

创建数据表并进行基本操作

任务描述

在数据库mydatabase中创建一个名为users的表，包括UserID、UserName、Gender和RegTime字段。然后，查看及修改数据表结构。

任务实施

下面创建数据表users并练习操作数据表。

（1）创建数据表users。代码如下所示：

```
mysql> CREATE TABLE users(UserId INT UNSIGNED NOT NULL,UserName
VARCHAR(50) NOT NULL,Gender CHAR(6) NOT NULL DEFAULT
'Male',RegTime DATE NOT NULL);
Query OK, 0 rows affected (0.03 sec)
```

（2）查看数据表users的结构。代码如下所示：

```
mysql> DESCRIBE users;
```

```
+----------+-------------+------+-----+---------+-------------+
| Field    | Type        | Null | Key | Default | Extra       |
+----------+-------------+------+-----+---------+-------------+
| UserId   | int unsigned| NO   |     | NULL    |             |
| UserName | varchar(50) | NO   |     | NULL    |             |
| Gender   | char(6)     | NO   |     | Male    |             |
| RegTime  | date        | NO   |     | NULL    |             |
+----------+-------------+------+-----+---------+-------------+
4 rows in set (0.00 sec)
```

（3）修改数据表中 Gender 字段的类型 CHAR(6) 为 CHAR(10)。代码如下所示：

```
mysql> ALTER TABLE users MODIFY Gender CHAR(10);
Query OK, 0 rows affected (0.06 sec)
Records: 0  Duplicates: 0  Warnings: 0
```

（4）再次查看 users 数据表结构，代码如下所示：

```
mysql> DESCRIBE users;
+----------+-------------+------+-----+---------+-------------+
| Field    | Type        | Null | Key | Default | Extra       |
+----------+-------------+------+-----+---------+-------------+
| UserId   | int unsigned| NO   |     | NULL    |             |
| UserName | varchar(50) | NO   |     | NULL    |             |
| Gender   | char(10)    | YES  |     | NULL    |             |
| RegTime  | date        | NO   |     | NULL    |             |
+----------+-------------+------+-----+---------+-------------+
4 rows in set (0.00 sec)
```

 5.3 操作 MySQL 数据

数据库中包含多张数据表，数据表中包含多条数据，数据表是数据存储的容器。对数据的操作包括向表中添加数据、修改表中数据、删除表中数据和查询表中数据等。本节将详细讲解操作 MySQL 数据。

5.3.1 添加表数据

创建完数据表之后，就可以开始向数据表中添加数据了。使用 INSERT 语句可以将一行数据添加到一个已存在的数据表中。它的语法格式有三种，如下所示：

```
INSERT INTO 表名 VALUES (值1,值2,…) #列出新添加数据的所有的值
INSERT INTO 表名(字段1,字段2,…) VALUES (值1,值2,…)
                            #给出要赋值的列，然后再给出对应的值
```

```
INSERT INTO 表名 SET 字段1=值1,字段2=值2,...
#用col_name=value的形式给出列和值
```

在MySQL中，一次可以同时插入多行记录，各行记录的值清单在VALUES关键字后以逗号 "," 分隔，而标准的SQL语句一次只能插入一行。

实例 5-13 下面分别使用添加数据的三种方式，向tb_admin表中添加数据。

```
mysql> INSERT INTO tb_admin VALUES(1,'bob','123456','bob@163.
com');
Query OK, 1 row affected (0.01 sec)
mysql> INSERT INTO tb_admin(id,username,password,email) VALUES(2
,'zhangsan','654321','zhangsan@163.com');
Query OK, 1 row affected (0.03 sec)
mysql> INSERT INTO tb_admin SET id=3,username='lisi',password='s
ecret',email='lisi@163.com';
Query OK, 1 row affected (0.00 sec)
```

5.3.2 更新表数据

使用UPDATE语句修改数据表中满足指定查询条件的数据信息。语法格式如下：

```
UPDATE 表名 SET 字段1=值1 [,字段2=值2…] WHERE 查询条件 [,字段2=值
2…]
```

WHERE查询条件表示只有满足查询条件的数据行才会被修改。如果没有写明查询条件，则表中所有数据行都会被修改。

实例 5-14 下面使用UPDATE语句将数据表tb_admin中用户名为 "bob" 的邮箱修改为 bob@gmail.com。

```
mysql> UPDATE tb_admin SET email='bob@gmail.com' WHERE
email='bob@163.com';
Query OK, 0 rows affected (0.00 sec)
Rows matched: 0  Changed: 0  Warnings: 0
```

5.3.3 删除表数据

使用DELETE语句删除数据表中满足指定查询条件的数据信息。语法格式如下：

```
DELETE from 表名 WHERE 查询条件
```

WHERE查询条件表示只有满足查询条件的数据行才会被删除。如果没有写明查询条件，则表中所有数据行都会被删除。

实例 5-15 下面使用DELETE语句将tb_admin数据表中的用户名为zhangsan的记录删除。

```
mysql> DELETE FROM tb_admin WHERE username='zhangsan';
```

```
Query OK, 1 row affected (0.00 sec)
```

5.3.4 查询表数据

查询表数据是数据库操作中使用频率最高的操作。SELECT查询语句用于从表中查找满足条件的信息，并按指定格式整理成"结果集"。下面介绍使用SELECT语句查询表数据的常用操作。

1. 查询整个表中的数据

查询整个表中的数据语法格式如下：

```
SELECT * FROM 数据表名
```

实例 5-16 下面查询整个表中的数据。

```
mysql> SELECT * FROM tb_admin;
+----+-----------+-----------+----------------------+
| id | username  | password  | email                |
+----+-----------+-----------+----------------------+
|  1 | bob       | 123456    | bob@163.com          |
|  2 | zhangsan  | 654321    | zhangsan@163.com     |
|  3 | lisi      | secret    | lisi@163.com         |
+----+-----------+-----------+----------------------+
3 rows in set (0.00 sec)
```

2. 查询指定列的数据

查询数据表中指定列的语法格式如下：

```
SELECT 列名称[,...] FROM 数据表名
```

实例 5-17 下面查看数据表tb_admin中的username和password列。

```
mysql> SELECT username,password FROM tb_admin;
+-------------------+-------------------+
| username          | password          |
+-------------------+-------------------+
| bob               | 123456            |
| zhangsan          | 654321            |
| lisi              | secret            |
+-------------------+-------------------+
3 rows in set (0.00 sec)
```

3. 条件查询

在实际应用中，通常不需要查找表中的所有记录，而是查找满足某些条件的特定记录。在SELECT语句中使用WHERE子句，可指定查询条件，从表中查找出特定的行。语法格式如下：

```
SELECT {列名称[,...] |* } FROM 数据表名 WHERE 查询条件
```

实例 5-18 下面查询数据表 tb_admin 中 id 列值为 3 的数据。

```
mysql> SELECT * FROM tb_admin WHERE id=3;
+----+----------+----------+----------------+
| id | username | password | email          |
+----+----------+----------+----------------+
| 3  | lisi     | secret   | lisi@163.com   |
+----+----------+----------+----------------+
1 row in set (0.00 sec)
```

实例 5-19 下面查询数据表 tb_admin 中 id 列值为 3 的数据，并设置仅显示 username 和 password 列。

```
mysql> SELECT username,password FROM tb_admin WHERE id=3;
+----------+----------+
| username | password |
+----------+----------+
| lisi     | secret   |
+----------+----------+
1 row in set (0.00 sec)
```

4. 对查询结果排序

在 MySQL 中，执行 SELECT 语句所生成结果的默认顺序，由其出现的顺序决定。SQL 支持将查询结果按特定的顺序排列。使用 ORDER BY 子句完成对查询结果的排序，排序有降序和升序两种方式，ORDER BY 子句中的关键字 ASC 表示升序排序方式，DESC 表示降序排序方式。

实例 5-20 下面是使用 ORDER BY 子句完成对 id 列进行降序排序。

```
mysql> SELECT * FROM tb_admin ORDER BY id DESC;
+-----+----------+----------+-------------------+
| id  | username | password | email             |
+-----+----------+----------+-------------------+
| 3   | lisi     | secret   | lisi@163.com      |
| 2   | zhangsan | 654321   | zhangsan@163.com  |
| 1   | bob      | 123456   | bob@163.com       |
+-----+----------+----------+-------------------+
3 rows in set (0.00 sec)
```

注意：使用 ORDER BY 子句时，只需指定一列或多列使用关键字 ASC 或 DESC，但每列只能使用一个关键字。如果没有指定关键字，那么 MySQL 使用 ASC（升序排列）作为默认的关键字。另外，如果对多个字段做排序，那么只有紧邻关键字的字段会按关键字排序，其他的字段按默认顺序排序。

5. 对查询结果分组

MySQL 支持对查询结果的分组，以汇总相关数据。为了演示对查询结果分组，在 tb_admin

数据表中添加一个名为city的字段，表示各用户所在的城市。此时，tb_admin数据表结果如下：

```
mysql> select * from tb_admin;
+-----+-----------+-----------+-------------------+-----------+
| id  | username  | password  | email             | city      |
+-----+-----------+-----------+-------------------+-----------+
| 1   | bob       | 123456    | bob@163.com       | Beijing   |
| 2   | zhangsan  | 654321    | zhangsan@163.com  | Shanghai  |
| 3   | lisi      | secret    | lisi@163.com      | Guangzhou |
| 4   | alice     | password  | alice@163.com     | Beijing   |
| 5   | xiaoqi    | testpass  | xiaoqi@163.com    | Shanghai  |
| 6   | xiaohong  | 123456    | xiaohong@163.com  | Guangzhou |
+-----+-----------+-----------+-------------------+-----------+
6 rows in set (0.00 sec)
```

接下来，使用GROUP BY字句对结果进行分组，以获取所有用户都来自哪些城市的信息。

```
mysql> SELECT city FROM tb_admin GROUP BY city;
+--------------------+
| city               |
+--------------------+
| Beijing            |
| Shanghai           |
| Guangzhou          |
+--------------------+
3 rows in set (0.00 sec)
```

5.3.5 限制查询记录数

在数据查询的过程中，有时需要限制查询记录数。例如，返回查询结果的前几条记录，或中间几条记录。这时可以使用关键字LIMIT进行限制。语法格式如下：

```
SELECT... LIMIT[start,]length
```

（1）LIMIT子句：写在SELECT查询语句的最后面。

（2）start：表示从第几行记录开始输出，0表示第1行。例如，在LIMIT语句的最后加上LIMIT 3，表示返回查询结果中的前3行记录。

（3）length：表示输出记录的行数。例如，LIMIT 0,10，表示从查询结果中的第1行开始，返回10行记录。

实例 5-21　下面是使用LIMIT子句设置查询结果的前3行记录。

```
mysql> SELECT username,city FROM tb_admin ORDER BY username
LIMIT 3;
+--------------------+------------------+
| username           | city             |
+--------------------+------------------+
```

```
| alice            | Beijing            |
| bob              | Beijing            |
| lisi             | Guangzhou          |
+------------------+--------------------+
3 rows in set (0.00 sec)
```

5.3.6 多表查询

在实际的项目开发过程中，经常需要将不同的信息存储在不同的表中。表与表之间通过某个字段相互关联，从而使表的指针形成一种联动关系，进而可以通过SELECT语句实现多表查询。实现多表查询的语法有多种，其中一种语法格式为：

SELECT 字段名 FROM 表1,表2,…WHERE 表1.字段=表2.字段 AND 其他查询条件

实例 5-22 下面通过SELECT语句进行多表查询，从文章信息表、栏目信息表中查找指定栏目的所有文章信息。首先，创建栏目信息表并插入数据；然后，创建文章信息表并插入数据；最后，使用查询语句实现多表查询。

（1）在mydatabase数据库中创建栏目信息表，并插入输入。

```
mysql> CREATE TABLE Channel_Info(C_ID INT PRIMARY KEY AUTO_
INCREMENT,Parent_ID INT,C_Name VARCHAR(20));    //创建栏目信息表
Query OK, 0 rows affected (0.03 sec)
```

（2）为栏目信息表添加数据。

```
mysql> INSERT INTO Channel_Info(Parent_ID,C_Name) VALUE (0,'公司
新闻');
Query OK, 1 row affected (0.01 sec)
mysql> INSERT INTO Channel_Info(Parent_ID,C_Name) VALUE (0,'行业
动态');
Query OK, 1 row affected (0.00 sec)
mysql> INSERT INTO Channel_Info(Parent_ID,C_Name) VALUE (0,'客服
中心');
Query OK, 1 row affected (0.00 sec)
```

（3）创建文章信息表。

```
mysql> CREATE TABLE Article_Info(A_ID INT PRIMARY KEY AUTO_
INCREMENT,C_ID INT,A_Title VARCHAR(100));
Query OK, 0 rows affected (0.03 sec)
```

（4）为文章信息表添加数据。

```
mysql> INSERT INTO Article_Info(C_ID,A_Title) VALUE(1,'公司成功上
市!');
Query OK, 1 row affected (0.01 sec)
```

```
mysql> INSERT INTO Article_Info(C_ID,A_Title) VALUE(1,'2022 新型
产品发布');
Query OK, 1 row affected (0.00 sec)
mysql> INSERT INTO Article_Info(C_ID,A_Title) VALUE(2,'市领导对软
件行业提出要求!');
Query OK, 1 row affected (0.00 sec)
mysql> INSERT INTO Article_Info(C_ID,A_Title) VALUE(2,'软件行业面
临新挑战');
Query OK, 1 row affected (0.00 sec)
mysql> INSERT INTO Article_Info(C_ID,A_Title) VALUE(3,'今年客户投
诉率同比去年下降3%');
Query OK, 1 row affected (0.00 sec)
```

（5）分别查询栏目信息表和文章信息表中的数据。

```
mysql> SELECT * FROM Channel_Info;          #查询栏目信息表
+------------+------------------+------------------+
| C_ID       | Parent_ID        | C_Name           |
+------------+------------------+------------------+
|     1      |        0         | 公司新闻          |
|     2      |        0         | 行业动态          |
|     3      |        0         | 客服中心          |
+------------+------------------+------------------+
3 rows in set (0.00 sec)
mysql> SELECT * FROM Article_Info;          #查询文章信息表
+------------+------------+-----------------------------------+
| A_ID       | C_ID       | A_Title                           |
+------------+------------+-----------------------------------+
|     1      |     1      | 公司成功上市!                      |
|     2      |     1      | 2022 新型产品发布                  |
|     3      |     2      | 市领导对软件行业提出要求!           |
|     4      |     2      | 软件行业面临新挑战                 |
|     5      |     3      | 今年客户投诉率同比去年下降3%        |
+------------+------------+-----------------------------------+
5 rows in set (0.00 sec)
```

（6）实现多表查询。

```
mysql> SELECT A_ID,A_Title,a.C_ID,c.C_Name FROM Article_Info as
a,Channel_Info as c WHERE a.C_ID=c.C_ID ORDER BY a.A_ID;
+---------+--------------------------------+---------+-------------+
| A_ID    | A_Title                        | C_ID    | C_Name      |
+---------+--------------------------------+---------+-------------+
|    1    | 公司成功上市!                   |    1    | 公司新闻     |
|    2    | 2022新型产品发布                |    1    | 公司新闻     |
|    3    | 市领导对软件行业提出要求!        |    2    | 行业动态     |
```

```
|    4    | 软件行业面临新挑战                |    2    | 行业动态      |
|    5    | 今年客户投诉率同比去年下降 3%     |    3    | 客服中心      |
+---------+---------------------------------+---------+-------------+
5 rows in set (0.00 sec)
```

5.3.7 嵌套子查询

在数据库系统的开发过程中，嵌套子查询得到了广泛的应用。嵌套子查询是指将一个查询的结果作为另一个查询的条件，继续完成查询的功能。

实例 5-23 下面在【实例 5-22】的基础上，通过嵌套查询实现查询所有一级栏目（父级编号为 0 ）的所有文章信息。查询语句的代码如下：

```
mysql> SELECT A_ID,A_Title,a.C_ID,c.C_Name FROM Article_Info as
a,Channel_Info as c WHERE a.C_ID=c.C_ID and a.C_ID IN(SELECT C_
ID FROM Channel_Info WHERE Parent_ID=0);
+---------+---------------------------------+---------+-------------+
| A_ID    | A_Title                         | C_ID    | C_Name      |
+---------+---------------------------------+---------+-------------+
|    1    | 公司成功上市!                    |    1    | 公司新闻      |
|    2    | 2022 新型产品发布                |    1    | 公司新闻      |
|    3    | 市领导对软件行业提出要求!         |    2    | 行业动态      |
|    4    | 软件行业面临新挑战                |    2    | 行业动态      |
|    5    | 今年客户投诉率同比去年下降 3%     |    3    | 客服中心      |
+---------+---------------------------------+---------+-------------+
5 rows in set (0.00 sec)
```

◆ 任务 5-3

在数据表 users 中插入数据并查看记录

任务描述

下面向 users 数据表中插入两条数据，分别为"1,Linda,female,2022-02-10"和"2,John,male, 2022-01-1"。然后，练习查看该数据表中的记录。

任务实施

下面向 users 数据表中插入数据，并查看数据表中的记录。

（1）插入两条记录。

```
mysql> INSERT INTO users VALUES(1,'Linda','female','2022-02-10');
Query OK, 1 row affected (0.01 sec)
mysql> INSERT INTO users VALUES(2,'John','male','2022-01-1');
Query OK, 1 row affected (0.00 sec)
```

（2）查看数据表 users 中的所有记录。

```
mysql> SELECT * FROM users;
```

```
+-----------+------------------+------------+-----------------+
| UserId    | UserName         | Gender     | RegTime         |
+-----------+------------------+------------+-----------------+
|        1  | Linda            | female     | 2022-02-10      |
|        2  | John             | male       | 2022-01-01      |
+-----------+------------------+------------+-----------------+
2 rows in set (0.00 sec)
```

（3）查询 users 数据表中，仅显示 UserName 列，并且 UserID 为 1 的记录。

```
mysql> SELECT UserName FROM users WHERE UserID=1;
+------------------+
| UserName         |
+------------------+
| Linda            |
+------------------+
1 row in set (0.00 sec)
```

知识拓展

1. phpMyAdmin图形化管理工具

前文介绍的都是在命令行中进行一系列的操作。以命令行的方式操作数据库虽然效率很高，但是其复杂的语法，使很多初学者望而却步。MySQL有很多可视化的界面管理工具，phpMyAdmin就是其中之一。

phpMyAdmin是使用PHP编写的一个图形化数据库管理工具。phpMyAdmin以网站的形式运行，通过网络就可以管理服务器上的MySQL。其不仅可以完成数据库和数据表的各种管理，还可以以各种格式导入、导出数据库中的数据。

在互联网上，还有很多功能强大的MySQL管理工具，例如有和phpMyAdmin一样的网站管理工具，或直接运行在服务器上的可执行文件管理工具。本书将使用phpMyAdmin作为MySQL的管理工具，介绍其安装与配置的过程。

2. 下载和安装phpMyAdmin工具

phpMyAdmin的官方网站是https://www.phpmyadmin.net/，可以在其Downloads栏目下载最新或稳定版本的phpMyAdmin。phpMyAdmin提供多语言版和英文版，这里以安装常用的5.x为例，从其网站上下载多语言版本的phpMyAdmin压缩包，如图5-1所示。

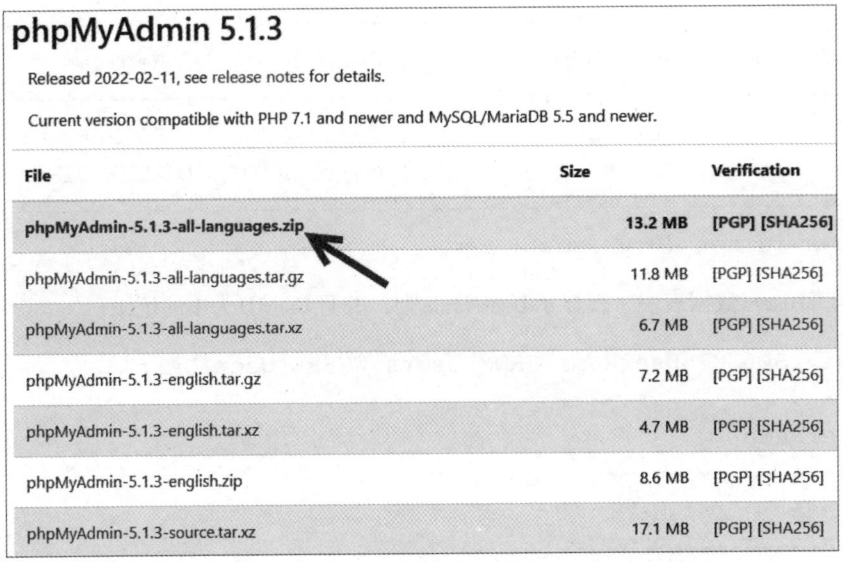

图 5-1　phpMyAdmin 下载界面

下载后的 ZIP 文件通过解压软件进行解压到本地磁盘。如果本地有 MySQL 则可在本地测试，否则需要上传到支持 MySQL 的 Web 服务器上。这里以在本地安装、使用为例。将 phpMyAdmin 解压至本地 Web 根目录下，将解压后的文件夹改名为 phpmyadmin，则可通过 http://localhost/phpmyadmin/ 访问到 phpMyAdmin。

3. 配置 phpMyAdmin

在 phpMyAdmin 可以使用之前，需要对一些文件进行配置。在 phpMyAdmin 解压后的目录中有一个名为 config.sample.inc.php 的文件，它是 phpMyAdmin 配置文件的样本文件。复制该文件，重命名为 config.inc.php。此时 config.inc.php 就是 phpMyAdmin 的配置文件。

（1）对于 config.inc.php，最重要的是配置 phpMyAdmin 连接 MySQL 的用户名和密码。在该文件中找到如下所示的内容。

```
// $cfg['Servers'][$i]['controluser'] = 'pma';
// $cfg['Servers'][$i]['controlpass'] = 'pmapass';
```

（2）将这段内容中的注释符号"//"去掉，同时输入 MySQL 中配置的用户名和密码，如下所示。

```
$cfg['Servers'][$i]['controluser'] = 'root';
$cfg['Servers'][$i]['controlpass'] = '******';
                                        //更换为自己的MySQL密码
```

（3）此时访问 http://localhost/phpmyadmin，将看到 phpMyAdmin 登录界面，如图 5-2 所示。输入 MySQL 的用户名和密码，即可成功登录 phpMyAdmin，如图 5-3 所示。在 phpMyAdmin 的主界面，左半部分显示了当前 MySQL 服务器中所建立的数据库，右半部分列出了当前 MySQL 服务器的一些信息，如服务器版本、当前登录用户、MySQL 所使用的字符集等。

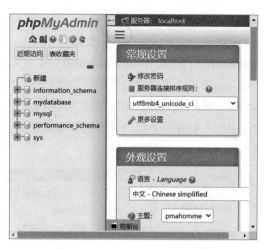

图 5-2　phpMyAdmin 登录界面　　　　　图 5-3　phpMyAdmin 的主界面

注意：如果使用的 Web 服务器是 Apache，访问 phpMyAdmin 程序之前，需要再修改配置文件 httpd.conf 中 DirectoryIndex 参数，指定 PHP 的默认文件为 index.php。否则，访问 phpMyAdmin 程序时，显示的是程序的文件列表，不是登录界面。配置格式如下所示：

```
DirectoryIndex index.php index.html
```

以上配置参数 DirectoryIndex 在配置文件中可以找到，直接修改下参数值即可。

4. 使用 phpMyAdmin 管理 MySQL 数据库

在 phpMyAdmin 的主界面，单击任意一数据库，即可对该数据库中的数据表、数据表内容进行操作。另外，用户单击"新建"按钮，还可以新建数据库。例如，查看数据库 mydatabase 中 tb_admin 数据表内容，如图 5-4 所示。

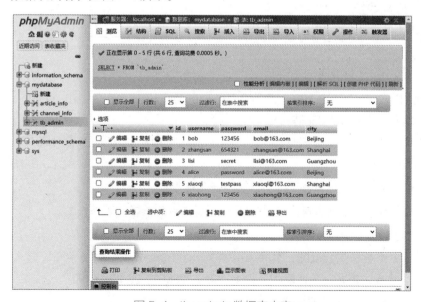

图 5-4　tb_admin 数据表内容

从"浏览"选项卡中可以看到，当前执行的SQL语句为"SELECT * FROM 'tb_admin'"。而且，数据表tb_admin中的内容成功显示出来。此时，用户可以单击编辑、复制、删除按钮，对数据条目进行管理。在mydatabase数据下，单击"新建"按钮，即可在该数据库中创建数据表。另外，用户单击数据表顶部的其他选项卡，可以执行其他操作。例如，单击"结构"选项卡，可以查看数据表结构；单击"SQL"选项卡，可以执行SQL语句；单击"插入"选项卡，可以向数据表插入数据等。用户可以查看当前数据表结构，单击"结构"选项卡，显示结果如图5-5所示。

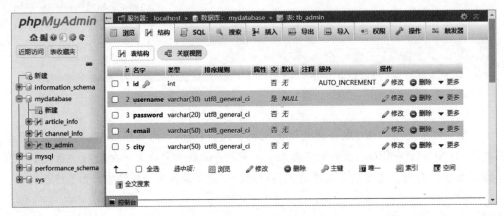

图5-5 tb_admin数据表结构

本章习题

一、填空题

（1）SQL 的英文全称是 _____。

（2）MySQL 是由 MySQL AB 公司开发的一种 _____。

二、选择题

（1）下面的 MySQL 数据类型中，（ ）属于整型。

A. TINYINT   B. INT   C. VARCHAR   D. CHAR

（2）创建数据库使用的 SQL 语句为（ ）。

A. CREATE TABLE   B. SELCET   C. CREATE DATABASE   D. UPDATE

三、判断题

（1）在操作数据库中的数据表时，必须先选择数据库。

（2）删除数据库或数据表时，使用DROP命令删除后的数据，可以恢复。

四、操作题

（1）创建一个数据库testDB，其中有一个表testTable，表里包括学号、姓名、年龄、生日4个字段。然后，还有一条记录"1, Rose, 25, 1986-02-05 00:00:00"。

（2）查找数据库表testTable中名为Rose的学生。

第 6 章

PHP 访问数据库

作为一款主流的网络编程脚本语言，PHP提供了丰富的访问数据库的功能，而且其本身所支持的数据库类型也非常广泛，几乎可以支持所有的主流数据库。第5章已经为读者介绍了数据库的相关知识，本章介绍如何使用PHP访问数据库，并对数据库相关内容进行操作。通过本章的学习，读者将领会到PHP的强大功能，以及如何使用PHP对数据库进行操作，为使用PHP编写基于数据库的Web应用程序打下基础。

PHP 访问数据库

1. PHP 操作 MySQL 数据库步骤

PHP 支持与大部分数据库（如 SQL Server、Oracle、MySQL 等）的交互操作，但与 MySQL 结合最完美。因此，PHP 与 MySQL 也被称为"黄金组合"。PHP 与 MySQL 数据库的交互步骤如图 6-1 所示。

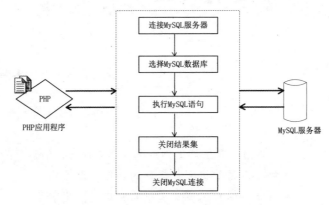

图 6-1　PHP 与 MySQL 数据库的交互步骤

PHP 与 MySQL 数据库的交互步骤如下文描述。

（1）连接 MySQL 服务器。使用 mysqli_connect() 函数建立与 MySQL 服务器的连接。

（2）选择 MySQL 服务器。使用 mysqli_select_db() 函数选择 MySQL 数据库服务器上的数据库，并与数据库建立连接。

（3）执行 MySQL 语句。在选择的数据库中使用 mysqli_query() 函数执行 SQL 语句。对数据的操作方式主要包括 4 种方式。

①查询数据：使用 SELECT 语句实现数据的查询功能。

②添加数据：使用 INSERT 语句向数据库中添加数据。

③更新数据：使用 UPDATE 语句修改数据库中的数据。

④删除数据：使用 DELETE 语句删除数据库中的数据。

（4）关闭结果集。数据库操作完成后，需要关闭结果集，使用 mysqli_free_result() 函数释放资源。

（5）关闭 MySQL 连接。每使用一次 mysqli_connect() 函数或 mysqli_query() 函数，都会消耗系统资源。这在少量用户访问 Web 网站时问题不大，但如果用户连接超过一定数量时，就会造成系统性能的下降，甚至死机。为了避免这种现象的发生，在完成数据库的操作后，应使用 mysqli_close() 函数关闭与 MySQL 服务器的连接，以节省系统资源。

从以上步骤中可以看到，PHP 是通过函数对 MySQL 数据库进行操作。PHP 中提供了很多操作 MySQL 数据库的函数，使用这些函数可以对 MySQL 数据库执行各种操作，使程序开发变得更加简单、灵活。

2. MySQL 函数和 MySQLi 函数

在使用 PHP 函数管理 MySQL 数据库之前，需要了解 MySQL 和 MySQLi 函数的区别。这两个函数都允许用户访问 MySQL 数据库服务器。但是，它们分别应用在不同的 PHP 版本中，其主要区别如下文描述。

（1）在 PHP 5 版本前，一般用 PHP 的 MySQL 函数去驱动 MySQL 数据库，如 mysql_query() 函数，属于面向过程。PHP 5 版本以后，增加了 MySQLi，它是 MySQL 系统函数的增强版，属于面向对象，用对象的方式操作驱动 MySQL 数据库。

（2）MySQL 是非持续连接函数，其每次连接都会打开一个连接的进程；而 MySQLi 是永远连接函数，其多次运行时都使用同一个连接进程，减少了服务器的开销。

> 提示：MySQL 函数对应的函数以 mysql_ 开头；MySQLi 函数对应的函数以 mysqli_ 开头。大部分以 mysql_ 开头的函数有相应的 mysqli_ 面向对象版，如 mysql_fetch_array()、mysql_fetch_object 等。本书中使用的 PHP 8 是最新版本，所以使用的是 MySQLi 函数。

3. 在 PHP 中启用 MySQL 扩展

因为 MySQL 类函数并不属于 PHP 的核心函数，所以要使用 PHP 的 MySQL 类函数，必须要启用 PHP 的 MySQL 扩展。在前面讲解 PHP 配置时，也简单提到启用一些扩展程序。为了使用户能够更顺利地使用 MySQL 数据库，这里介绍其实现方法。

在 PHP 中启用 MySQL 扩展非常简单，只需要编辑 PHP 的配置文件 php.ini，加载 MySQL 扩展即可。加载扩展方法如下：

（1）打开 PHP 的配置文件 php.ini。

（2）找到如以下代码所示的行：

```
;extension=mysqli
```

（3）去掉以上行行首的分号。分号是 php.ini 中的注释符号，行首有分号则后面的内容被注释。去掉分号，则会加载相应扩展。

（4）保存配置文件 php.ini。

（5）重启 Web 服务器，即可完成加载扩展的操作。

 6.1 用连接关闭函数访问数据库

MySQL 数据库操作前，首先确保成功连接 MySQL 数据库服务器。如果操作完成，则关闭与 MySQL 数据库服务器的连接。本节介绍使用连接关闭函数访问数据库。

6.1.1 连接数据库

PHP 中连接 MySQL 数据库服务器的函数是 mysqli_connect()。语法格式如下：

```
mysqli_connect(host,username,password,dbname,port,socket)
```

以上语法中，参数 host 表示 MySQL 数据库服务器的主机名或 IP 地址；参数 username 表示登录 MySQL 数据库服务器的用户名；参数 password 表示登录 MySQL 数据库服务器的密码；参数 dbname 表示默认使用的数据库；参数 port 表示尝试连接到 MySQL 服务器的端口号；参数 socket 表示 SOCKET 或要使用的已命名 pipe。

实例 6-1 下面使用 mysqli_connect() 函数连接 MySQL 数据库服务器。

```php
<?php
    $conn=mysqli_connect("localhost","root","123456","mydataba
se")
    or die('数据库连接失败！');          //连接失败则终止执行
    echo '数据库连接成功！';              //连接成功则输出成功信息
?>
```

运行以上程序，输出结果为：

数据库连接成功！

> 提示：在 mysqli_connect() 函数的前面添加符号 @，用于屏蔽这个函数的出错信息提示。如果 mysqli_connect() 函数调用出错，将执行 or 后面的语句。die() 函数表示在向用户输出引号中的内容，程序终止执行。这样做是为了在数据库连接出错时，让用户看到的不是一堆莫名其妙的专业名词，而是定制的出错信息。但在调试时不要屏蔽出错信息，以避免出错后难以找到问题。

6.1.2 关闭数据库

完成数据库操作之后，应当关闭连接。但关闭不是必需的，因为 PHP 具有垃圾回收功能，会自动对不用的连接进行处理。PHP 也提供了显式关闭数据库连接的函数 mysqli_close()。语法格式如下：

```
mysqli_close(connection)
```

以上语法中，connection 指定要关闭的 MySQL 连接。

实例 6-2 下面使用 mysqli_connect() 函数连接数据库。然后，使用 mysqli_close() 函数关闭连接。

```php
<?php
    $conn=mysqli_connect("localhost","root","123456","mydataba
```

```
se")
    or die('数据库连接失败！');              //连接失败则终止执行
    echo '数据库连接成功！';                  //连接成功则输出成功信息
    mysqli_close($conn);                      //关闭数据库连接
    echo "<br>已关闭与MySQL服务器的连接<br>"; //关闭连接则输出关闭信息
?>
```

执行以上程序后，输出结果为：

数据库连接成功！
已关闭与MySQL服务器的连接

 选择数据库

当成功连接到MySQL服务器后，由于数据库服务器中很可能会包含多个数据库，所以需要进一步选择使用的数据库。在PHP中，选择数据库使用mysqli_select_db()函数。语法格式如下：

```
mysqli_select_db(connection,dbname)
```

以上语法中，参数connection表示指定使用的MySQL连接；参数dbname表示指定使用的默认数据库。

实例 6-3 下面选择数据库为book。代码如下所示：

```
<?php
    $conn=mysqli_connect("localhost","root","123456","mydataba
se")
    or die('数据库连接失败！');              //连接失败则终止执行
    echo '数据库连接成功！';                  //连接成功则输出成功信息
    mysqli_select_db($conn,"book");           //选择数据库book
    echo '<br>已选择book数据库...<br>';        //选择数据库后输出成功信息
    mysqli_close($conn);                      //关闭数据库连接
    echo "已关闭与MySQL服务器的连接...<br>";   //关闭连接则输出关闭信息
?>
```

运行以上程序后，输出结果为：

数据库连接成功！
已选择book数据库...
已关闭与MySQL服务器的连接...

6.3 查询数据库

查询MySQL数据库首先需要创建一个SQL查询语句，然后将该语句传递给执行查询操作的函数即可。在PHP中，可以使用mysqli_query()函数查询某个数据库记录。语法格式如下：

```
mysqli_query(connection,query,resultmode)
```

以上语法中，参数connection表示指定使用的MySQL连接；参数query表示指定查询的字符串；resultmode是可选参数，是一个常量，支持的值为MYSQLI_USE_RESULT和MYSQLI_STORE_RESULT（默认）。

> 提示：mysqli_query()函数针对成功的SELECT、SHOW、DESCRIBE或EXPLAIN查询，将返回一个mysqli_result对象。针对其他成功的查询，将返回TRUE；如果失败，则返回FALSE。

实例6-4 下面使用mysql_query()函数向数据库表mydatabase.tb_admin插入一条数据。然后，再查询整个数据表的内容。代码如下所示：

```php
<?php
    $conn=mysqli_connect("localhost","root","123456","mydataba
se")
    or die("数据库连接失败！ ");          //连接失败则终止执行
    echo "数据库连接成功！ ";            //连接成功则输出成功信息
    //SQL语句
    $sql="INSERT INTO tb_admin VALUES(7,'wangwu','abcdef','wang
wu@163.com','Beijing')";
    //执行插入操作
    $query=mysqli_query($conn,$sql);
    if($query)
        echo "插入信息成功!!! <br>";
    else
        echo "插入失败!! ";
    //执行查询操作
    $result=mysqli_query($conn,"SELECT * FROM tb_admin")
    or die("<br>查询表tb_admin失败!!! ");
    mysqli_close($conn);                //关闭数据库连接
?>
```

运行以上程序后，结果显示如下：

数据库连接成功！ 插入信息成功!!!

> 注意：在mysqli_query()函数中执行的SQL语句不应以分号";"结尾。

此时，使用SQL语句查询数据表tb_admin，可以看到添加的数据条目。代码如下所示：

```
mysql> select * from tb_admin;
+-----+----------+----------+--------------------+----------+
| id  | username | password | email              | city     |
+-----+----------+----------+--------------------+----------+
| 1   | bob      | 123456   | bob@163.com        | Beijing  |
| 2   | zhangsan | 654321   | zhangsan@163.com   | Shanghai |
| 3   | lisi     | secret   | lisi@163.com       | Guangzhou|
| 4   | alice    | password | alice@163.com      | Beijing  |
| 5   | xiaoqi   | testpass | xiaoqi@163.com     | Shanghai |
| 6   | xiaohong | 123456   | xiaohong@163.com   | Guangzhou|
| 7   | wangwu   | abcdef   | wangwu@163.com     | Beijing  |
+-----+----------+----------+--------------------+----------+
7 rows in set (0.00 sec)
```

> 提示：在MySQL函数中，用户可以使用mysql_create_db()函数创建数据库，使用mysql_drop_db()函数删除数据库。但是，在MySQLi函数中，没有专门的创建、删除数据库函数。如果需要创建和删除数据库，则可以使用mysqli_query()函数执行对应的SQL语句来实现。

 ## 6.4 获取结果集

PHP提供了一些用于返回查询结果集的相关函数，可以获取数据表信息，如记录所在的行号、字段的长度、字段数等。本节将介绍使用这些函数获取结果集。

6.4.1 返回记录所在的行号

mysqli_affect_rows()函数用于返回MySQL服务器最近一次操作所影响的记录所在行。语法格式如下：

```
mysqli_affect_rows(connection)
```

参数connection表示指定使用的MySQL连接。如果返回一个大于0的整数，表示所影响的记录行数。其中，0表示没有受影响的记录；-1表示查询返回错误。

实例6-5 下面使用mysqli_affect_rows()函数返回记录所在的行号。

```php
<?php
    $conn=mysqli_connect("localhost","root","123456","mydataba
se")
    or die("数据库连接失败！");                     //连接失败则终止执行
    mysqli_query($conn,"SELECT * FROM tb_admin"); //SQL查询语句
    echo "受影响的行数".mysqli_affected_rows($conn);//输出结果集
```

```
    mysqli_close($conn);                          //关闭数据库连接
?>
```

以上代码运行结果为：

受影响的行数 7

从输出结果可以看到，数据表tb_admin中包括 7 条记录。

6.4.2 获取数据库当前行的记录

在PHP中，可以使用mysqli_fetch_array()、mysqli_fetch_row()和mysqli_fetch_object()函数获取数据库当前行的记录。下面分别介绍这三个函数的使用方法。

1. mysqli_fetch_array()函数

使用mysqli_fetch_array()函数可以获取数据库当前行的记录，其返回结果为一个数组。数组以字段名及数值索引为下标，以字段内容为值，同时记录指针会自动下移一行。如果已经到了记录集的最后一行，函数将返回一个空数组。mysqli_fetch_array()函数的语法格式如下：

```
mysqli_fetch_array(result,resulttype)
```

参数result是由mysqli_query()、mysqli_store_result()或mysqli_use_result()函数返回的结果集标识符；可选参数resluttype表示指定应该产生哪种类型的数组，可以指定的值为MYSQLI_ASSOC、MYSQLI_NUM或MYSQLI_BOTH。

实例6-6 下面使用mysqli_fetch_array()函数获取数据库表mydatabase.tb_admin的结果集。

```php
<?php
    $conn=mysqli_connect("localhost","root","123456","mydataba
se")
    or die("数据库连接失败！");                     //连接失败则终止执行
    $query=mysqli_query($conn,"SELECT * FROM tb_admin");
                                                  //SQL查询语句
    $result=mysqli_fetch_array($query);           //获取结果集
    print_r($result);                             //输出结果集
    mysqli_close($conn);                          //关闭数据库连接
?>
```

以上程序的运行结果为：

```
Array (
    [0] => 1
    [id] => 1
    [1] => bob
    [username] => bob
    [2] => 123456
    [password] => 123456
```

```
    [3] => bob@163.com
    [email] => bob@163.com
    [4] => Beijing
    [city] => Beijing
)
```

从运行结果可以看到，虽然表中的数据被无误地输出了，但是并不容易阅读。此时，可以通过 HTML 表格标签，将数据内容加入表格。

实例 6-7 使用代码演示将获取到的数据表内容加入表格。

```php
<?php
    $query="DESCRIBE tb_admin";                       //查询表结构
    $conn=mysqli_connect("localhost","root","123456","mydataba
se")
    or die("数据库连接失败! ");                        //连接失败则终止执行
    $result=mysqli_query($conn,$query);
    echo "<table border=1<tr>";                        //输出 HTML 标签
    while($rows=mysqli_fetch_row($result)){
        echo "<td>{$rows[0]}</td>";                    //输出列名称
    }
    $query="SELECT * FROM tb_admin"; //SQL查询语句，查询表数据
    $result=mysqli_query($conn,$query);                //执行 SQL 查询语句
    while($rows=mysqli_fetch_row($result)){ //遍历结果集
        echo "<tr>";                                   //输出 HTML 标签
        foreach($rows as $k=>$v)
            echo "<td>{$v}</td>";
            echo "</tr>";                              //输出 HTML 标签
    }
    echo "</table>";                                   //输出 HTML 标签
    mysqli_close($conn);                               //关闭数据库连接
?>
```

以上程序运行结果如图 6-2 所示。从运行结果可以看到，该数据表中的数据已经比较完美了。

id	username	password	email	city
1	bob	123456	bob@163.com	Beijing
2	zhangsan	654321	zhangsan@163.com	Shanghai
3	lisi	secret	lisi@163.com	Guangzhou
4	alice	password	alice@163.com	Beijing
5	xiaoqi	testpass	xiaoqi@163.com	Shanghai
6	xiaohong	123456	xiaohong@163.com	Guangzhou
7	wangwu	abcdef	wangwu@163.com	Beijing

图 6-2 运行结果

2. mysqli_fetch_row()函数

mysqli_fetch_row()函数作用与mysqli_fetch_array()函数相同，都是将当前记录以数组形式

返回。两个函数不同之处在于：mysqli_fetch_row()函数返回的数组只能以数值索引为下标，而mysqli_fetch_row()函数返回的数组有两种下标。mysqli_fetch_row()函数的语法格式如下：

```
mysqli_fetch_row(result)
```

参数 result 是由 mysqli_query()、mysqli_store_result() 或 mysqli_use_result() 返回的结果集标识符。

实例 6-8 下面使用 mysqli_fetch_row() 函数获取数据库表 mydatabase.tb_admin 的结果集。

```php
<?php
    $conn=mysqli_connect("localhost","root","123456","mydataba
se")
    or die("数据库连接失败！");              //连接失败则终止执行
    $query=mysqli_query($conn,"SELECT * FROM tb_admin"); //SQL查
询语句
    $result=mysqli_fetch_row($query);    //获取结果集
    print_r($result);                    //输出结果集
    mysqli_close($conn);                 //关闭数据库连接
?>
```

以上程序的运行结果为：

```
Array (
    [0] => 1
    [1] => bob
    [2] => 123456
    [3] => bob@163.com
    [4] => Beijing
)
```

3. mysqli_fetch_object()函数

PHP 中，还提供了一个 mysqli_fetch_object() 函数，其作用是将数据库记录集当前指针所指记录以对象的形式返回，同时将指针后移一位。语法格式如下：

```
mysqli_fetch_object(result,classname,params)
```

以上语句中，参数 result 是由 mysqli_query()、mysqli_store_result() 或 mysqli_use_result() 返回的结果集标识符；可选参数 classname 表示标识实例化的类名称，设置属性并返回；可选参数 params 表示指定一个传给 classname 对象构造器的参数数组。

实例 6-9 下面使用 mysqli_fetch_object() 函数以对象的形式返回数据库表 mydatabase.tb_admin 的结果集。

```php
<?php
    $conn=mysqli_connect("localhost","root","123456","mydataba
se")
```

```
    or die("数据库连接失败! ");                    //连接失败则终止执行
    $query=mysqli_query($conn,"SELECT * FROM tb_admin");
                                                //SQL查询语句
    $result=mysqli_fetch_object($query);        //获取结果集
    print_r($result);                           //输出结果集
    mysqli_close($conn);                        //关闭数据库连接
?>
```

运行以上程序后,结果为:

```
stdClass Object (
    [id] => 1
    [username] => bob
    [password] => 123456
    [email] => bob@163.com
    [city] => Beijing
)
```

6.4.3 返回数据库记录集

mysqli_fetch_field()函数将获取结果集的字段信息,并将其作为对象返回。其中,返回的字段信息包括字段名称、表名和最大长度。语法格式如下:

```
mysqli_fetch_field(result)
```

参数result表示指定由 mysqli_query()、mysqli_store_result()或mysqli_use_result()返回的结果集标识符。该函数执行后将返回一个对象,其属性存储了字段信息。该对象的属性如下所示。

(1)name:列名。

(2)orgname:原始的列名(如果指定了别名)。

(3)table:表名。

(4)orgtable:原始的表名(如果指定了别名)。

(5)def:保留作为默认值,当前总是为""。

(6)db:数据库(在 PHP 5.3.6 中新增的)。

(7)catalog:目录名称,总是为"def"(自 PHP5.3.6 起)。

(8)max_length:字段的最大宽度。

(9)length:在表定义中规定的字段宽度。

(10)charsetnr:字段的字符集号。

(11)flags:字段的位标志。

(12)type:用于字段的数据类型。

(13)decimals:整数字段,小数点后的位数。

实例 6-10　下面使用mysqli_fetch_field()函数获取数据库表tb_admin的记录。

```
<?php
    $conn=mysqli_connect("localhost","root","123456","mydataba
```

```
se")
    or die("数据库连接失败! ");                    //连接失败则终止执行
    $query="SELECT id,username,password FROM tb_admin";
                                                //SQL查询语句
    if($result=mysqli_query($conn,$query))
        while($fieldinfo=mysqli_fetch_field($result)){//返回结果集
            printf("字段名:%s\n",$fieldinfo->name);
            echo "<br>";
            printf("数据表:%s\n",$fieldinfo->table);
            echo "<br>";
            printf("最大长度:%d\n",$fieldinfo->max_length);
            echo "<br>";
        }
    mysqli_close($conn);                        //关闭数据库连接
?>
```

以上程序的运行结果为:

```
字段名:id
数据表:tb_admin
最大长度:1
字段名:username
数据表:tb_admin
最大长度:8
字段名:password
数据表:tb_admin
最大长度:8
```

6.4.4 返回记录中各字段的长度

mysqli_fetch_lengths()函数用来获取查询结果中最后一行记录中各字段的长度,并以数组形式返回。如果出错,函数将返回空值。该函数的语法格式如下:

```
mysqli_fetch_lengths(result)
```

参数result是由mysqli_query()、mysqli_store_result()或mysqli_use_result()函数返回的结果集标识符。

实例 6-11 下面使用mysqli_fetch_lengths()函数返回记录中各字段的长度。

```
<?php
    $conn=mysqli_connect("localhost","root","123456","mydataba
se")
    or die("数据库连接失败! ");                    //连接失败则终止执行
    $query="SELECT * FROM tb_admin";        //SQL查询语句
    if($result=mysqli_query($conn,$query)){
        $row=mysqli_fetch_row($result);
```

```
        foreach(mysqli_fetch_lengths($result) as $i=>$val)
        {
            printf("字段 %2d 长度为:%2d",$i+1,$val);
            echo "<br>";
        }
    }
    mysqli_close($conn);              //关闭数据库连接
?>
```

以上程序的运行结果为：

```
字段 1 长度为：1
字段 2 长度为：3
字段 3 长度为：6
字段 4 长度为:11
字段 5 长度为：7
```

从输出信息可知，数据表tb_admin中共有 5 个字段（列）。其中，第一个字段长度为 1，第二个字段长度为 3。

6.4.5 获取结果集中行的数目

当从数据表中查询数据时，可以使用mysqli_num_rows()函数返回符号条件的记录数目。如果没有符号条件的记录，则返回 0。语法格式如下：

```
mysqli_num_rows(result)
```

参数result是由 mysqli_query()、mysqli_store_result() 或 mysqli_use_result() 函数返回的结果集标识符。

实例 6-12 下面使用mysqli_num_rows()函数统计数据表中的记录数目。

```
<?php
    $conn=mysqli_connect("localhost","root","123456","mydataba
se")
    or die("数据库连接失败！");            //连接失败则终止执行
    $query=mysqli_query($conn,"SELECT * FROM tb_admin");
                                        //SQL查询语句
    $rows=mysqli_num_rows($query);      //获取结果集中行的数目
    echo "记录数为".$rows;              //输出行数
    mysqli_close($conn);               //关闭数据库连接
?>
```

以上程序的运行结果为：

记录数为 7

从输出信息可以看到，数据表tb_admin中共有 7 条记录。

6.4.6 获取结果集中字段的数目

mysqli_num_fields() 函数用来返回查询结果集中字段的数目。

```
mysqli_num_fields(result)
```

参数 result 是由 mysqli_query()、mysqli_store_result() 或 mysqli_use_result() 函数返回的结果集标识符。

实例 6-13 下面使用函数获取结果集中字段的数目。

```php
<?php
    $conn=mysqli_connect("localhost","root","123456","mydataba
se")
    or die("数据库连接失败！");            //连接失败则终止执行
    $query="SELECT * FROM tb_admin"; //SQL查询语句
    if($result=mysqli_query($conn,$query)){
        $fieldcount=mysqli_num_fields($result);
        printf("结果集中有%d个字段。",$fieldcount);
    }
    mysqli_close($conn);                    //关闭数据库连接
?>
```

以上程序的运行结果为：

结果集中有 5 个字段。

6.4.7 释放资源

mysqli_free_result() 函数用于释放资源。如果成功，则返回 true，否则返回 false。语法格式如下：

```
mysqli_free_result(result)
```

参数 result 是由 mysqli_query()、mysqli_store_result() 或 mysqli_use_result() 函数返回的结果集标识符。

> 提示：mysqli_free_result() 函数只需要在考虑到返回很大的结果集时，会占用多少内存时调用。在脚本结束后，所有关联的内存都会被自动释放。

实例 6-14 下面使用 mysqli_free_result() 函数释放资源。

```php
<?php
    $conn=mysqli_connect("localhost","root","123456","mydataba
se")
    or die("数据库连接失败！");                //连接失败则终止执行
    echo "已连接到MySQL服务器<br/>";
    $sql="SELECT * FROM tb_admin";
```

```
    $result=mysqli_query($conn,$sql);
    print_r(mysqli_fetch_row($result));
    mysqli_free_result($result);
    $sql="SELECT * FROM tb_admin";
    $result=mysqli_query($conn,$sql);
    print_r(mysqli_fetch_row($result));
    mysqli_close($conn);                //关闭数据库连接
?>
```

以上程序执行了两次查询。第一次查询时，程序将mysqli_query()查询返回的结果集存放到$result中，然后通过语句print_r(mysqli_fetch_row($result))输出。由于程序也需要将结果集存放到$result中，所以在第二次查询之前先通过mysqli_free_result($result)，将上一次查询返回的结果集释放掉。代码运行结果如下：

```
已连接到MySQL服务器
Array ( [0] => 1 [1] => bob [2] => 123456 [3] => bob@163.com [4]
=> Beijing ) Array ( [0] => 1 [1] => bob [2] => 123456 [3] =>
bob@163.com [4] => Beijing )
```

 任务 6-1

查询并输出数据表中的记录

任务描述

下面查询数据库表mydatabase.tb_admin中id、username和password列的内容。而且，仅输出id列为2的数据条目。

任务实施

使用代码演示查询数据表mydatabase.tb_admin中的记录。

```
<?php
    $conn=mysqli_connect("localhost","root","123456")
    or die("数据库连接失败！");         //连接失败则终止执行
    mysqli_select_db($conn,"mydatabase");
    //SQL查询语句
    $query=mysqli_query($conn,"SELECT id,username,password FROM
tb_admin WHERE id=2"); $result=mysqli_fetch_array($query);
                                    //获取结果集
        print_r($result);
    mysqli_close($conn);            //关闭数据库连接
?>
```

以上程序的运行结果为：

```
Array ( [0] => 2 [id] => 2 [1] => zhangsan [username] =>
zhangsan [2] => 654321 [password] => 654321 )
```

6.5 **用错误处理函数捕获错误信息**

在对数据库操作过程中，经常会出现一些和数据库相关的错误信息，如无法连接MySQL服务器、无法打开数据库、数据表不存在等。对于这些错误，PHP提供了专门的错误处理函数，分别为mysql_error()和mysql_errno()。本节将讲解使用错误处理函数捕获错误信息。

6.5.1 获取数据库错误信息

mysqli_error()函数用来返回上一次数据库操作的错误信息。语法格式如下：

```
mysqli_error(connection)
```

参数connection表示指定使用的MySQL连接。该函数会根据上一个MySQL函数的执行情况返回相关信息。如果上一个MySQL函数执行时出错，则返回其产生的错误文本。如果没有出错，则返回空字符串。

实例6-15 下面在SQL语句执行时指定了一个不存在的数据库表名，执行时将返回错误信息。

```php
<?php
    $conn=mysqli_connect("localhost","root","123456","mydataba
se")
    or die("数据库连接失败！");                    //连接失败则终止执行
    echo "已连接到MySQL服务器<br/>";
    $result=mysqli_query($conn,"SELECT * FROM user");
    if(!$result)
    {
        echo "程序出错！所指定的SQL语句或资源标识号有误：<br/>";
        echo mysqli_error($conn);
    }
    else
        echo "SQL语句已执行<br/>";
    mysqli_close($conn);                        //关闭数据库连接
?>
```

运行以上程序后，输出结果为：

```
已连接到MySQL服务器
程序出错！所指定的SQL语句或资源标识号有误：
Table 'mydatabase.user' doesn't exist
```

从输出结果可以看到，数据库表mydatabase.user不存在。

6.5.2 获取数据库错误信息代码

mysqli_errno()函数用来返回上一次数据库操作的错误信息的代码。语法格式如下：

```
mysqli_errno(connection)
```

参数 connection 表示指定使用的 MySQL 连接。该函数会根据上一个 MySQL 函数的执行情况返回相关信息。如果上一个 MySQL 函数执行时出错，则返回其产生的错误代码。如果没有出错，则返回 0。

MySQL 会为每种错误设定一个编号。当由于程序的问题导致操作数据库出错，可以根据这些编号对应的错误含义来查找具体原因。下面列出了一些常见的 MySQL 错误代码及其对应的错误信息。

（1）1022：关键字重复，更改记录失败。

（2）1032：记录不存在。

（3）1042：无效的主机名。

（4）1044：当前用户没有访问数据库的权限。

（5）1045：不能连接数据库，用户名或密码错误。

（6）1048：字段不能为空。

（7）1049：数据库不存在。

（8）1050：数据表已存在。

（9）1051：数据表不存在。

（10）1054：字段不存在。

（11）1065：无效的 SQL 语句，SQL 语句为空。

（12）1081：不能建立 Socket 连接。

（13）1146：数据表不存在。

（14）1149：SQL 语句语法错误。

（15）1177：打开数据表失败。

实例 6-16 使用代码演示使用 mysqli_errno() 函数输出错误的编码。

```php
<?php
    $conn=mysqli_connect("localhost","root","123456","mydataba
se")
    or die("数据库连接失败！ ");            //连接失败则终止执行
    echo "已连接到MySQL服务器<br/>";
    $result=mysqli_query($conn,"SELECT * FROM user");
    if(!$result)
    {
        echo "程序出错！错误代码：".mysqli_errno($conn)."<br/>";
        echo mysqli_error($conn);
    }
    else
        echo "SQL语句已执行<br/>";
    mysqli_close($conn);                    //关闭数据库连接
?>
```

以上程序的运行结果为：

```
已连接到MySQL服务器
程序出错! 错误代码: 1146
Table 'mydatabase.user' doesn't exist
```

> 注意: mysqli_errno()和mysqli_error()函数仅返回最近一次MySQL函数执行时产生的错误信息。所以, 如果要使用此函数输出错误信息, 应确保在下一个MySQL函数之前使用它。

使用两个错误函数分别输出错误信息

任务描述

下面使用PHP连接一个不存在的MySQL数据库, 分别使用mysql_error()函数和mysql_errno()函数输出错误信息和错误代码。

任务实施

下面连接一个不存在的数据库admin。

```php
<?php
    $conn=mysqli_connect("localhost","root","123456");
    mysqli_select_db($conn,"admin");
    echo mysqli_errno($conn).":".mysqli_error($conn)."<br/>";
    mysqli_query($conn,"SELECT * FROM user");
    echo mysqli_errno($conn).":".mysqli_error($conn)."<br/>";
?>
```

以上程序的运行结果为:

```
1049:Unknown database 'admin'
1046:No database selected
```

知识拓展

1. ODBC的概述

开放数据库连接(Open Database Connectivity, ODBC)是为解决异构数据库间的数据共享而产生的。目前, 它已成为Windows开放系统体系结构(The Windows Open System Architecture, WOSA)的主要部分和基于Windows环境的一种数据库访问接口标准。使用ODBC API的应用程序可以与任何具有ODBC驱动程序的关系数据库进行通信。对于不同的数据库, ODBC提供了统一的API, 使用该API来访问任何提供了ODBC驱动程序的数据库。下面将介绍通过ODBC访问MySQL数据库。

2. 配置 ODBC 数据源

如果使用 ODBC 接口连接 MySQL 数据库，则需要先配置 ODBC 数据源。首先，需要在操作系统中安装 ODBC 驱动程序，然后才可配置 ODBC 数据源。

（1）安装 MySQL 的 ODBC 驱动程序。驱动程序下载地址为：

```
https://dev.mysql.com/downloads/connector/odbc/
```

访问以上地址后，打开 ODBC 驱动程序的下载界面，如图 6-3 所示。此时，根据自己的操作系统架构，选择下载对应的版本。

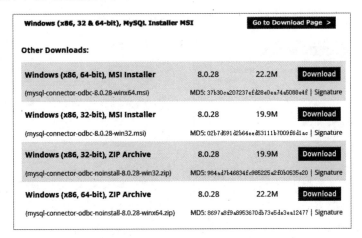

图 6-3　ODBC 驱动下载界面

（2）双击下载的 ODBC 驱动程序安装包，使用默认设置，依次单击"下一步"按钮，安装完成。接下来，即可配置 ODBC 数据源。在"控制面板" /"管理工具"中，单击"ODBC 数据源管理程序 (64 位)"程序，打开"ODBC 数据源管理器"对话框，如图 6-4 所示。

图 6-4　"ODBC 数据源管理器"对话框

> 提示：在 ODBC 数据源管理器中，提供了三种 DSN，分别为用户 DNS、系统 DSN 和文件 DSN。其中，用户 DSN 只能用于本用户；系统 DSN 和文件 DSN 只在于连接信息的存放位置不

同。系统 DSN 存放在 ODBC 储存区里，文件 DSN 则放在一个文本文件中。

（3）在"系统 DSN"选项卡中，单击"添加"按钮，打开"创建新数据源"对话框。在该对话框中，选择 MySQL ODBC 8.0 Unicode Driver 驱动程序，如图 6-5 所示。

（4）单击"确定"按钮，打开 MySQL Connector/ODBC 对话框。在该对话框中，自定义数据源名称（Data Source Name）。然后，根据自己的 MySQL 服务器环境，添加服务器地址、端口、登录的用户名、密码和数据库，如图 6-6 所示。

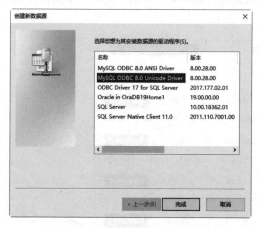
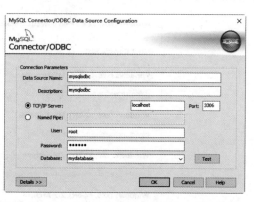

图 6-5 "创建新数据源"对话框　　　　图 6-6 "MySQL Connector/ODBC"对话框

（5）为了确定能够成功连接 MySQL 数据库，可以单击 Test 按钮，测试是否配置成功。配置成功，将弹出"连接成功"对话框，如图 6-7 所示。单击 OK 按钮，即可看到成功添加 ODBC 驱动程序，如图 6-8 所示。单击"确定"按钮，ODBC 数据源配置完成。

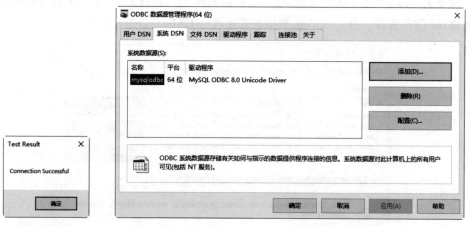

图 6-7 "连接成功"对话框　　　　图 6-8 成功添加 ODBC 驱动程序

3. 通过 ODBC 访问 MySQL 数据库

通过前面的方法，MySQL 的 ODBC 数据源就配置好了。接下来，还需要在 PHP 的配置文件 php.ini 中，启用 ODBC 扩展。语法格式如下：

```
extension=odbc
```

此时，即可通过 ODBC 访问 MySQL 数据库。PHP 提供了一些函数，用来连接及访问数据库。常用的ODBC函数及其含义如下。

（1）odbc_connect()函数：用来连接到ODBC数据源。该函数有4个参数，分别为数据源名、用户名、密码及可选的指针类型。语法格式如下：

```
odbc_connect ( string dsn, string user, string password [, int
cursor_type] )
```

（2）odbc_fetch_row()函数：用于从结果集中返回记录。如果能够返回行，则函数返回true，否则返回false。语法格式如下：

```
odbc_fetch_row(int result_id, int [row_number])
```

（3）odbc_result()函数：用于从记录中读取字段。该函数有两个参数，分别为ODBC结果标识符和字段编号或名称。语法格式如下：

```
odbc_result ( resource $result_id , mixed $field )
```

（4）odbc_close()函数：用于关闭ODBC连接。语法格式如下：

```
odbc_close ( resource $connection_id )
```

实例6-17 下面演示使用ODBC连接数据库，并获取数据库表tb_admin中的id、username和password字段值。然后，在HTML表格中显示数据。

```
<html>
<body>
<?php
$conn=odbc_connect('mysqlodbc','root','123456');
if (!$conn)
{
    exit("连接失败: " . $conn);
}
$sql="SELECT id,username,password FROM tb_admin";
$rs=odbc_exec($conn,$sql);
if (!$rs)
{
    exit("SQL 语句错误");
}
echo "<table border=1><tr>";
echo "<th>id</th>";
echo "<th>username</th>";
echo "<th>password</th></tr>";
while (odbc_fetch_row($rs))
{
    $id=odbc_result($rs,"id");
    $username=odbc_result($rs,"username");
    $password=odbc_result($rs,"password");
    echo "<tr><td>$id</td>";
    echo "<td>$username</td>";
```

```
        echo "<td>$password</td></tr>";
}
odbc_close($conn);
echo "</table>";
?>
</body>
</html>
```

成功运行以上程序后，输出结果如图 6-9 所示。

id	username	password
1	bob	123456
2	zhangsan	654321
3	lisi	secret
4	alice	password
5	xiaoqi	testpass
6	xiaohong	123456
7	wangwu	abcdef

图 6-9　运行结果

本章习题

一、填空题

（1）PHP 操作 MySQL 数据库共有 5 个步骤，分别为 _____、_____、_____、_____ 和 _____。

（2）当使用 MySQL 数据库时，必须使用 _____ 函数连接数据库。当操作完成后，使用 _____ 函数关闭连接。

二、选择题

（1）下面（　　）函数用来执行 SQL 查询语句。

A. mysqli_fetch_array()　　　　　　　　B. mysqli_fetch_row()

C. mysqli_query()

（2）下面（　　）函数用来获取数据库错误信息。

A. mysqli_error()　　　　　　　　B. mysqli_select_db()

C. mysqli_errno()

三、判断题

在 PHP 中，提供了两个错误处理函数 mysqli_error() 和 mysqli_errno()。其中，mysqli_error() 函数用来获取错误信息；mysqli_errno() 函数用来获取错误信息码。　　　　　　（　　）

四、操作题

使用表格的方式输出数据库表 mydatabase.tb_admin 的内容。

第7章

电子邮件

电子邮件（简称E-mail）又称为电子信箱、电子邮政。它是一种用电子手段提供信息交换的通信方式。E-mail是Internet应用广泛的服务。通过网络的电子邮件系统，用户可以用非常低廉的价格，以非常快速的方式，与世界上任何一个角落的网络用户联系。这些电子邮件可以是文字、图像、声音等各种形式。同时，用户可以得到大量免费的新闻、专题邮件，并实现轻松的信息搜索。本章将介绍电子邮件的原理及使用PHP发送电子邮件的两种方式。

电子邮件

知识入门

1. 电子邮件原理

电子邮件在 Internet 上发送和接收的原理可以很形象地用人们日常生活中邮寄包裹来形容。当人们要寄一个包裹的时候，首先要找到任何一个有这项业务的邮局；然后在填写完收件人姓名、地址等信息之后，包裹就寄到了收件人所在地的邮局。对方取包裹的时候就必须去这个邮局才能取出。

同样的，当人们发送电子邮件的时候，这封邮件是由邮件发送服务器（任何一个都可以）发出，并根据收信人的地址判断对方的邮件接收服务器，从而将这封信发送到该服务器上。收信人要收取邮件也只能访问这个服务器才能够完成。

电子邮件地址的格式由三部分组成。第一部分代表用户信箱的账号，对于同一个邮件接收服务器来说，这个账号必须是唯一的；第二部分"@"是分隔符；第三部分是用户信箱的邮件接收服务器域名，用以标志其所在的位置。例如"zwgzu@hotmail.com"。

2. 电子邮件特点

正是由于电子邮件使用简易、投递迅速、收费低廉、易于保存、全球畅通无阻，使得电子邮件被广泛地应用。它也使人们的交流方式得到了极大的改变。另外，电子邮件还可以进行一对多的邮件传递，同一邮件可以一次发送给许多人。最重要的是，电子邮件极大地满足了人与人通信的需求。

电子邮件是指用电子手段传送信件、单据、资料等信息的通信方法。它综合了电话通信和邮政信件的特点，传送信息的速度和电话一样快，又能像信件一样使收信者在接收端收到文字记录。电子邮件系统又称基于计算机的邮件报文系统，承担从邮件进入系统到邮件到达目的地为止的全部处理过程。

电子邮件不仅可利用电话网络，而且可利用任何通信网传送。在利用电话网络时，还可利用其非高峰期间传送信息，这对于商业邮件具有特殊价值。由中央计算机和小型计算机控制的面向有限用户的电子系统可以看作是一种计算机会议系统。

3. 电子邮件工作过程

下面以 hotmail 和 gmail 这两个电子邮局为例来阐述电子邮件工作过程。假设 hotmail 邮箱的账户为 zwgzu@hotmail.com，gmail 邮箱的账户为 zwgzu82@gmail.com。这两者之间的邮件收发过程如图 7-1 所示。

以下具体说明邮件收发的整个过程：

（1）zwgzu@hotmail.com 的邮件客户

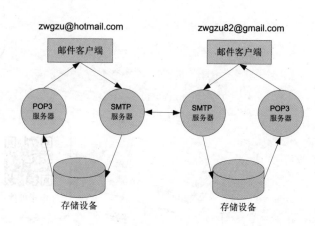

图 7-1　邮件收发过程

端程序与hotmail的SMTP服务器建立网络连接，并以zwgzu的用户名和密码进行登录后，使用SMTP协议把邮件发送给hotmail的SMTP服务器。

（2）hotmail的SMTP服务器收到zwgzu@hotmail.com提交的电子邮件后，首先根据收件人的地址后缀判断接收者的邮件地址是否属于该SMTP服务器的管辖范围。如果是的话就直接把邮件存储到收件人的邮箱中。否则，hotmail的SMTP服务器向DNS服务器查询收件人的邮件地址后缀（gmail.com）所表示的域名的MX记录，从而得到gmail的SMTP服务器信息。然后与gmail的SMTP服务器建立连接，并采用SMTP协议把邮件发送给gmail的SMTP服务器。

（3）gmail的SMTP服务器收到hotmail的SMTP服务器发来的电子邮件后，也将根据收件人的地址判断该邮件是否属于该SMTP服务器的管辖范围。如果是的话，就直接把邮件存储到收件人的邮箱中。否则（一般不会出现这种情况），gmail的SMTP服务器既可能继续转发这封电子邮件，也可能丢弃这封电子邮件。

（4）拥有zwgzu82@gmail.com账户的用户通过邮件客户端程序，与gmail的POP3/IMAP服务器建立网络连接，并以zwgzu82的用户名和密码进行登录后，就可以通过POP3或IMAP协议查看zwgzu82@gmail.com邮箱中是否有新邮件。如果有的话，则使用POP3或IMAP协议读取邮箱中的邮件。

循序渐进

7.1 向客户发送邮件

当用户对电子邮件的基础知识了解清楚后，则可以尝试向客户发送邮件。在PHP中实现该功能，还需要做一些准备工作，如配置SMTP服务器、配置PHP。本节介绍向客户发送邮件的相关配置。

7.1.1 配置SMTP服务器

在使用PHP发送电子邮件之前，需要搭建邮件服务器，网络上也有许多开源的邮件服务器。这里将使用国产的Winmail服务器来演示如何在本地搭建和配置邮件服务器。其中，该服务器的下载地址为https://www.winmail.cn/download.php。访问该地址后，下载页面如图7-2所示。从该界面可以看到，Winmail支持Windows、Linux和手机三个平台。这里将选择Windows版进行下载。其中，下载包中包括安装包、帮助文档和安装前必读。

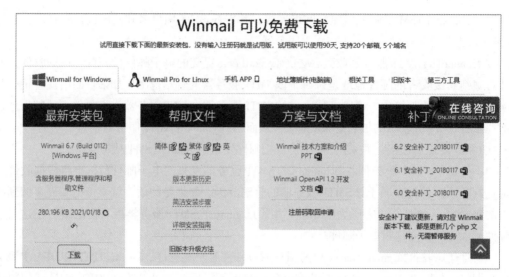

图 7-2　Winmail下载页面

1. 安装 Winmail

当用户成功下载Winmail安装包后，即可安装。安装过程比较简单，单击"下一步"按钮即可。在安装过程中，要求设置一个登录密码。其中，默认的登录名为admin，如图7-3所示。

2. 启动及配置 Winmail

Winmail安装成功后，即可启动该服务器。下面将启动及配置Winmail。

（1）启动"Winmail服务器程序"后，计算机的右下角将出现一个邮件图标，说明邮件服务器正在运行。接下来，启动Winmail客户端。启动"Winmail管理端工具"，打开"连接服务器"对话框，如图7-4所示。在被管理服务器中选择"本地主机"单选按钮；在登录用户的密码文本框中，输入安装过程设置的密码。

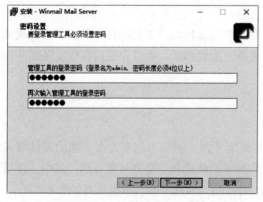

图 7-3　"密码设置"对话框

图 7-4　"连接服务器"对话框

（2）单击"确定"按钮，登录Winmail邮件服务器，如图7-5所示。

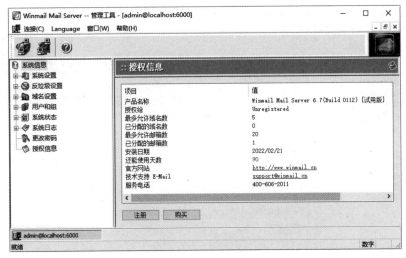

图 7-5 成功登录 Winmail Mail Server 管理工具

（3）展开左侧栏中的"域名设置"/"域名管理"子项，为邮件服务器添加主域。单击"域名管理"页面左下角的"新增"按钮，弹出"增加域名"对话框，如图 7-6 所示。在"基本参数"标签下的"域名"文本框里输入"localhost.com"，然后单击"确定"按钮。至此，服务器的主域添加完成。

图 7-6 "增加域名"对话框

（4）展开左侧栏中的"用户和组"/"用户管理"子项添加用户。系统中已经默认存在一个管理员用户 postmaster。单击"用户管理"页面左下角的"新增"按钮，在弹出的"基本设置"对话框内输入用户信息。然后单击"完成"按钮。这时"用户管理"页面将列出刚才添加的用户，如图 7-7 所示。此时，SMTP 服务器就配置好了。

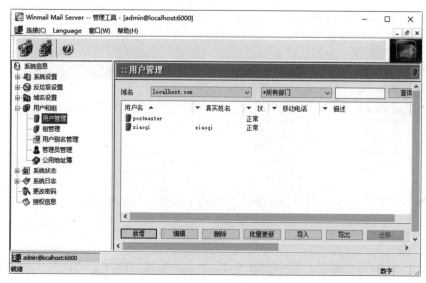

图 7-7　添加新邮件用户

7.1.2 在PHP中配置电子邮件相关属性

当用户将SMTP服务器配置好后，还需要在PHP中进行配置，才可以使用PHP发送邮件。在PHP配置文件php.ini的"[mail function]"部分进行配置。其中，配置选项见表7-1所列。

表 7-1　邮件函数 mail() 配置选项

配置项名称	默认值	配置项说明
SMTP	localhost	SMTP服务器的名称或IP地址，仅对Windows
smtp_port	25	SMTP服务端口号，仅对Windows
sendmail_from	NULL	发件人地址，仅对Windows
sendmail_path	NULL	邮件发送程序所在路径，仅对UNIX

这里需要将SMTP设置为localhost，sendmail_from设置为postmaster@localhost.com。然后检查一下这两项参数前是否有分号(;)。若有，则删除这些分号。随后，重启Apache服务器。代码如下所示：

```
[mail function]
; For Win32 only.
; http://php.net/smtp
SMTP = localhost
; http://php.net/smtp-port
smtp_port = 25
; For Win32 only.
; http://php.net/sendmail-from
sendmail_from = postmaster@localhost.com
```

此时，打开浏览器，在地址框中输入http://127.0.0.1:6080/，将出现Winmail服务器的Web

登录界面。然后，输入之前添加的用户xiaoqi的用户名和密码，单击"登录"按钮。登录成功后，即可看到收件箱中有一封未读取的邮件，如图7-8所示。由此可以说明，邮件服务配置成功。接下来，就可以使用PHP发送电子邮件了。

图 7-8 Winmail服务器的Web管理界面

7.2 PHP发送电子邮件的方式

PHP可以通过mail()函数发送电子邮件，也可以使用SOCKET构造SMTP类发送电子邮件。本节将介绍PHP发送电子邮件的方式。

7.2.1 使用mail()函数

在PHP中，提供了mail()函数用来发送电子邮件。但该函数功能不是很强大。很多时候使用该函数后，开发人员和程序都无法得知该函数的执行结果。除非收到了由mail()函数发出的邮件，才可以确定mail()执行成功了。该函数有三个必选参数和一个可选参数。语法格式如下：

```
mail(address, subject, message, headers);
```

以上语法中的参数及其含义如下。
（1）address指的是收件人的邮箱地址。在这里指的就是xiaoqi的邮箱地址。
（2）subject指的是邮件的主题。
（3）message指的是邮件的内容。
（4）headers指的是邮件头信息。
在这4个参数中，头三个参数是必选的，第四个参数可选。

 实例 7-1　下面演示使用mail()函数向指定用户的电子邮箱发送电子邮件。

```
<?php
    $to = "xiaoqi@localhost.com";
```

```
    $subj = "test";
    $mess = "This is a test of the mail function";
    $headers = "bcc:techsupport@localhost.com\r\n";
    $mailsend = mail($to,$subj,$mess,$headers);
?>
```

在上面的这段脚本中，设置了4个变量，分别为$to、$subj、$mess、$headers。这4个参数分别对应的收件人地址、邮件主题、邮件内容和邮件头信息。最后一句使用了mail()函数实现了邮件的发送。运行以上程序后，再登录xiaoqi的Winmail服务Web管理界面，可以看到收件箱中有两封邮件，如图7-9所示。从邮件中可以看到，这两封邮件都是由postmaster@localhost.com发送的。其中，第一封邮件主题为test。由此可以说明，PHP使用mail()函数发送电子邮件成功。

图 7-9　收取到邮件

7.2.2 发送HTML格式邮件

使用PHP发送文本消息时，所有内容都将被视为简单文本。即使在文本消息中包含HTML标记，它也将显示为简单文本，并且HTML标记不会根据HTML语法进行格式化。但PHP提供了将HTML消息作为实际HTML消息发送的选项。只要在发送电子邮件时，指定Mime版本、内容类型和字符集，就可以发送HTML电子邮件。

实例 7-2　下面演示使用PHP发送HTML格式邮件。

```
<html>
    <head>
        <title>Sending HTML email using PHP</title>
    </head>
    <body>
        <?php
            $to = "xiaoqi@localhost.com";
            $subject = "This is subject";

            $message = "<b>This is HTML message.</b>";
            $message .= "<h1>This is headline.</h1>";
```

```
        $header = "From:postmaster@localhost.com \r\n";
        $header .= "Cc:bob@localhost.com \r\n";
        $header .= "MIME-Version: 1.0\r\n";
        $header .= "Content-type: text/html\r\n";

        $retval = mail ($to,$subject,$message,$header);

        if( $retval == true ) {
            echo "Message sent successfully...";
        }else {
            echo "Message could not be sent...";
        }
    ?>
    </body>
</html>
```

运行以上程序后，显示结果为：

```
Message sent successfully...
```

由此可以说明，邮件发送成功。此时，登录 xiaoqi 的 Winmail 邮箱，发现其收件箱中多出了一封名为 "This is subject" 的邮件。打开该邮件，可以看到使用 HTML 格式显示了邮件正文，如图 7-10 所示。

图 7-10 成功收到 HTML 格式邮件

7.2.3 发送带附件的电子邮件

PHP 发送电子邮件消息有三种类型，分别为文本类型、HTML 类型和包含附件的消息。通常，大家都喜欢在邮件里带上附件，如文件、图片等。那么使用 PHP 脚本发送带附件的电子邮件要如何做呢？首先，查看一份电子邮件在传送过程中的样子：

```
Return-Path:
```

```
Date: Mon, 21 Feb 2022 19:17:29 +0000
From: Someone
To: Person
Message-id: <83729KI93LI9214@example.com>
Content-type: multipart/mixed; boundary="396d983d6b89a"
Subject: Here's the subject
--396d983d6b89a                              // 邮件头信息到此结束
Content-type: text/plain; charset=iso-8859-1
Content-transfer-encoding: 8bit

This is the body of the email.

--396d983d6b89a                              // 邮件内容到此结束
Content-type: text/html; name=attachment.html
Content-disposition: inline; filename=attachment.html
Content-transfer-encoding: 8bit

This is the attached HTML file

--396d983d6b89a—                             // 附件内容到此结束
```

在这封邮件中，前 7 行为邮件头信息。在邮件头信息中，可以看到 Content-type 为 multipart/mixed，而 boundary 为一随机字符串。这一随机字符串作为分隔邮件头和邮件主体，以及邮件主体中的邮件内容和附件内容的分隔符。注意该随机字符串出现了三次。其中，第一次和第二次出现时，前面加上了"--"符号，而最后一次出现了，前后都加上了"--"符号。如果需要发送带附件的邮件，则需要分别构造邮件头信息和邮件主体。

实例 7-3　下面演示使用 mail() 函数向指定用户发送带附件的电子邮件。其中，附件为一张图片。

```php
1  <?php
2  // 定义收信人
3  $to = 'xiaoqi@localhost.com';
4  // 定义邮件主题
5  $subject = 'Test email with an image attached';        #1
6  // 创建邮件部件边界
7  // 在这里，我们使用md5()函数，以当前时间为对象生成一个唯一随机数
8  $random_hash = md5(date('r', time()));                 #2
9  // 定义需要传送的邮件头信息。注意邮件头之间用"\r\n"隔开
10 $headers = "From: postmaster@localhost.com\r\nReply-To:
   postmaster@localhost.com";                            #3
11 // 添加邮件部件边界和MIME类型
12 $headers .= "\r\nContent-Type: multipart/mixed;
```

```
boundary=\"PHP-mixed-".$random_hash."\"";
13  // 读取附件文件内容到一个字符串变量
14  // 用base64_encode()函数对该字符串变量进行编码
15  // 然后将编码后的内容分割成若干小块以利于传输
16  $attachment = chunk_split(base64_encode(file_get_
contents('test.gif')));                           #4
17  // 定义邮件内容。
18  ob_start(); // 打出输出至缓存选项                   #5
19  ?>
20  --PHP-mixed-<?php echo $random_hash; ?>
21  Content-Type: multipart/alternative; boundary="PHP-alt-<?php
echo $random_hash; ?>"                            #6
22
23  --PHP-alt-<?php echo $random_hash; ?>
24  Content-Type: text/plain; charset="iso-8859-1"    #7
25  Content-Transfer-Encoding: 7bit
26
27  Hello World!!!
28  This is simple text email message.
29
30  --PHP-alt-<?php echo $random_hash; ?>
31  Content-Type: text/html; charset="iso-8859-1"     #8
32  Content-Transfer-Encoding: 7bit
33
34  <h2>Hello World!</h2>
35  <p>This is something with <b>HTML</b> formatting.</p>
36
37  --PHP-alt-<?php echo $random_hash; ?>--           #9
38
39  --PHP-mixed-<?php echo $random_hash; ?>           #10
40  Content-Type: image/gif; name="test.gif"
41  Content-Transfer-Encoding: base64
42  Content-Disposition: attachment
43
44  <?php echo $attachment; ?>
45  --PHP-mixed-<?php echo $random_hash; ?>--         #11
46
47  <?php
48  // 将当前缓存内容存入到变量$message中，然后清空缓存
49  $message = ob_get_clean();                        #12
50  // 发送电子邮件
51  $mail_sent = @mail( $to, $subject, $message, $headers );
                                                      #13
52  // 若邮件发送成功，显示"Mail sent"，反之则显示"Mail failed."
```

```
53 echo $mail_sent ? "Mail sent" : "Mail failed";
54 ?>
```

运行以上程序后，显示结果为：

```
Mail sent
```

由此可以说明，邮件发送成功。此时，再次登录xiaoqi的Winmail邮箱，发现其收件箱中多出了一封名为Test email with an image attached的邮件。打开该邮件，可以看到邮件正文和附件都发送成功了。而且，附件还以签名的形式显示在正文的下方，如图 7-11 所示。

图 7-11　成功收到带附件的电子邮件

在本例的这段代码中，一共由两对"<?php … ?>"标记对分隔开的三部分组成。在第一对"<?php … ?>"标记对中，定义了收件人、邮件主题和邮件头，创建了邮件部件边界，读取附件文件内容并对其进行编码。在第二对"<?php … ?>"标记对中，定义了邮件正文的内容并发送了邮件。在这两对"<?php … ?>"标记对之间，编写邮件的正文和附件。按照顺序对这三部分的内容解释如下：

（1）邮件起始部分。

（2）邮件正文与附件。

（3）邮件发送部分。

需要注意的是，在代码中使用ob_start()开启了"输出至缓存"选项。因此，所有的内容都会被直接发送到缓存中存储，不再经过脚本处理。如果ob_start()之后的各行内容前有空格或不相干的字符，这些空格和不相干的字符也会被送进缓存，进而破坏邮件内容，导致在邮件中看不到相应的内容。另外，在需要缓存的内容处理完成后，请务必使用ob_get_clean()函数获取缓存的数据并清空缓存。

接下来，以上述代码为例，详细介绍一下如何构造出一封带附件的电子邮件。

第一步：构建邮件的起始部分

在这一部分里，需要重点关注一下【实例 7-3】脚本中标记为 "#1" 至 "#5" 的内容。

（1）标记为 "#1" 的行与其上一行定义了收件人和邮件主题。

（2）标记为 "#2" 的行定义了一个随机数，以供构造邮件部件边界。

（3）标记为 "#3" 的行及其上一行定义了邮件头。

注意，邮件头信息有许多种。在这两行里，可以看到邮件头字段有 "From" "Reply-To" "Content-Type" 和 "boundary"。前三个字段的字段名与字段值之间用的是冒号（:），而 boundary 字段的字段名与字段值之间用的则是等号（=）。由于在这封邮件中既有正文也有附件，所以这里的 Content-Type 应该定义为 "multipart/mixed"，表示邮件是多个部件混合而成。在这段代码中，字段名与字段值之间使用等号连接的邮件头字段有 "boundary" "charset" 和 "name"，分别代表邮件部件边界、字符集和附件文件名。

（4）标记为 "#4" 的行读取了需要传送的附件，并对其进行了编码和分块处理。

这里使用到了三个函数，分别是 file_get_contents()、base64_encode() 和 chunk_split()。函数 file_get_contents() 将附件的内容读取到一个字符串中，然后交由 base64_encode() 函数进行编码。编码后的内容再交由 chunk_split() 函数进行分块。最后得到 $attachment 字符串。

（5）标记为 "#5" 的行开启了 PHP 引擎的 "输出至缓存" 选项。

开启该选项后，其后的内容将会被直接送至缓存。

第二步：构建邮件的正文和附件

在这一部分里，需要构建的正文和邮件的附件都会以字符串的形式被送进缓存。

（1）标记为 "#6" 的行往下至第 37 行为邮件的正文。

在这一部分里，构建了两个可选的子部分。若邮件服务器支持 HTML 代码的显示，则以 HTML 代码显示正文，否则则以纯文本的形式显示正文。因此，在标记为 "#6" 的行中定义的 Content-Type 为 multipart/alternative 表示往下的内容为可选。同时也定义了一个新的边界，用来分隔可选内容。

（2）标记为 "#7" 和 "#8" 的行分别定义了两个可选的部分。

前者为以纯文本方式显示正文的内容，所以其 Content-Type 为 text/plain，而后者则以 HTML 代码的方式显示正文的内容，所以其 Content-Type 为 text/html。在这两个可选的部分里，使用的字符集都是 iso-8859-1，向下兼容 ASCII。另外，在这两个部分里，还使用了一个新的字段 Content-Transfer-Encoding 用来定义 chunk_split() 函数分块的大小。

（3）标记为 "#9" 的行定义了一个可选部分边界，并以 "--" 结尾，标示着再无其他可选部件。

（4）标记为 "#10" 的行定义了一个邮件部件边界，开始构建另一个邮件部件。

从该行开始往下至第 44 行为邮件附件的内容。由于附件文件为一张 GIF 图片，因此 Content-Type 为 image/gif。同时还定义了一个新的字段 name，供邮件服务器获取附件文件的名称。由于之前使用 base64_encode() 函数对读取的附件文件内容进行了编码，因此 Content-Transfer-Encoding 为 base64。在这一部分里，还定义了一个新的字段 Content-Disposition。该字段的值告诉邮件服务器如何处理当前部件的内容。这里将 Content-Disposition 定义为 attachment，就是告诉邮件服务器将当前部分做为邮件附件进行处理。

（5）标记为"#11"的行定义了一个邮件部分边界，并以"--"结尾，标示着再无其他邮件部件。邮件内容（包括正文和附件）到此结束。

至此，邮件正文和附件构建完毕。需要再次提醒大家注意的是，写入缓存的各行内容前不得有空格和其他的字符。如果有的话，这些空格和字符也会被送入缓存，进而破坏邮件内容，造成邮件正文和附件无法正常显示。

第三步：构建邮件发送部分

在这一部分里，需要从缓存中获取邮件的内容（包括正文和附件），然后使用mail()函数发送邮件。

（1）标记为"#12"的行使用了ob_get_clean()函数从缓存中获取数据并清空缓存。从缓存中获取的数据被存放在了$message变量中。

（2）标记为"#13"的行使用了mail()函数发送了邮件。若邮件发送成功，则显示"Mail sent"；若失败，则显示"Mail failed"。

7.2.4 通过 SMTP 类发送邮件

mail()函数功能比较弱，不便于调试，而且在Windows下需要配置SMTP服务器。此时，可以通过SMTP类发送邮件。下面将介绍具体的实现方法。

1. SMTP协议与指令

为了使大家对SMTP程序设计更加清晰，这里先介绍SMTP协议与指令。简单邮件传输协议（Simple Mail Transfer Protocol，SMTP）可以实现客户端向服务器发送邮件的功能。SMTP分为命令头和信息体两部分。命令头主要完成客户端与服务器的连接、验证等，整个过程由多条命令组成。每个命令发到服务器后，由服务器给出响应信息，一般为三位数字的响应码和响应文本。不同的服务器返回的响应码是遵守协议的，但是响应正文则不必。每个命令及响应的最后都有一个回车符，这样使用fputs()和fgets()就可以进行命令与响应的处理。SMTP的命令及响应信息都是单行的。信息体则是邮件的正文部分，最后的结束行应以单独的句点"."作为结束行。客户端常用的SMTP指令如下所示。

（1）HELO hostname：表示通信开始。

（2）MAIL FROM<sender_address>：告诉服务器发信人的地址。

（3）RCPT TO<reciver_address>：告诉服务器收信人的地址。

（4）DATA：所发送电子邮件本身，且最后要以只含有"."的特殊行结束。

（5）RESET：表示取消刚才的指令，重新开始。

（6）VRFY：校验账号是否存在。

（7）QUIT：退出连接，通信结束。

下面是服务器端SMTP主要的响应消息。

（1）220：表示服务就绪，在socket连接成功时，即返回此信息。

（2）221：表示正在处理。

（3）250：表示请求邮件动作正确，即完成HELO、MAIL FROM、RCPT TO和QUIT指令执行成功后返回此信息。

（4）354：表示开始电子邮件数据的输入，以应为句点"."结束。

（5）500：表示语法错误，命令不能识别。

（6）550：表示命令不能执行，邮箱无效。

（7）552：表示由于磁盘空间不足，中断处理。

2. 配置SMTP类

SMTP类发送邮件的方法很简单，也很稳定。而且，在互联网上也可以找到很多用户已经写好的类，直接调用该类即可。其中，这里的SMTP类文件为Smtp.class.php。我们进行简单的配置，即可发送邮件。其中，发送邮件的核心代码如下：

```php
<?php
    require_once "Smtp.class.php";
    //*********************** 配置信息 *****************************
    $smtpserver = "smtp.163.com";              //SMTP服务器
    $smtpserverport =25;                       //SMTP服务器端口
    $smtpusermail = "********@163.com";        //SMTP服务器的用户邮箱
    $smtpemailto = $_POST['toemail'];          //发送给谁
    $smtpuser = "*******@163.com";
                       //SMTP服务器的用户账号，注:部分邮箱只需@前面的用户名
    $smtppass = "您的邮箱密码";                   //SMTP服务器的用户密码
    $mailtitle = $_POST['title'];              //邮件主题
    $mailcontent = "<h1>".$_POST['content']."</h1>";  //邮件内容
    $mailtype = "HTML";//邮件格式(HTML/TXT),TXT为文本邮件
    //*********************** 配置信息 *****************************
    $smtp = new Smtp($smtpserver,$smtpserverport,true,$smtpuser,
$smtppass);   //这里面的一个true是表示使用身份验证,否则不使用身份验证
    $smtp->debug = false;    //是否显示发送的调试信息
    $state = $smtp->sendmail($smtpemailto, $smtpusermail,
$mailtitle, $mailcontent, $mailtype);
    echo "<div style='width:300px; margin:36px auto;'>";
    if($state==""){
        echo "对不起，邮件发送失败！请检查邮箱填写是否有误。";
        echo "<a href='index.html'>点此返回</a>";
        exit();
    }
    echo "恭喜！邮件发送成功！！ ";
    echo "<a href='index.html'>点此返回</a>";
    echo "</div>";
?>
```

以上代码中，使用require_once语句调用了SMTP类文件Smtp.class.php。另外，用户需要正确填写SMTP服务器的地址、邮箱账号和密码。注意，经测试163邮箱，设置的密码需要使用授权码，否则会出现认证失败问题。

3. 通过SMTP发送邮件

通过前面的配置，接下来即可通过SMTP类发送邮件。这里通过HTML表单的方法来发送邮件。其中，访问表单程序后，打开界面如图7-12所示。

图 7-12　邮件信息

在该界面填写收件人、标题和内容；然后，单击"发送"按钮。发送成功后，网页将显示如下信息：

恭喜！邮件发送成功！！点此返回

知识拓展

1. 在Linux下安装Postfix邮件服务器

Linux持许多邮件服务器软件，如Sendmail、Qmail、Postfix等。其中，Postfix是目前受欢迎的一款免费的邮件服务器软件。而且，在Linux软件源中也提供了其安装包。下面以Ubuntu Linux系统为例，介绍安装Postfix邮件服务器的方法。

（1）安装Postfix邮件服务器。执行命令如下所示：

```
root@test-virtual-machine:~# apt-get install postfix
```

执行以上命令后，将显示Postfix配置界面，如图7-13所示。该界面要求选择邮件服务器配置类型，单击"确定"按钮，将出现如图7-14所示的界面。

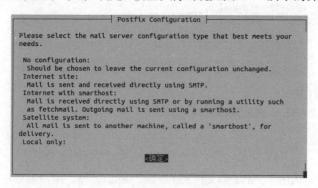

图 7-13　Postfix配置界面

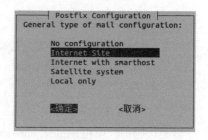

图 7-14　配置邮件服务器类型

（2）选择Internet Site选项，单击"确定"按钮，将显示邮件域名设置界面，如图7-15所示。

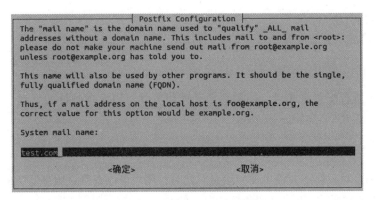

图 7-15　设置系统邮件域名

（3）这里指定一个系统邮件域名，也就是邮箱地址@符号后面的域名。这里指定的域名，将自动保存在"/etc/mailname"文件中。例如，这里将域名设置为test.com。单击"确定"按钮，Postfix邮件服务器安装成功。

2. 配置Postfix邮件服务

Postfix邮件服务安装成功后，则需要进行配置才可发送邮件。Postfix服务器的主配置文件为/etc/postfix/main.cf。具体配置如下所示：

```
root@test-virtual-machine:~# vi /etc/postfix/main.cf
inet_interfaces = all        #设置Postfix服务监听的IP地址，默认为all
myhostname =mail.test.com    #设置Postfix服务器使用的主机名
mydomain = test.com          #设置Postfix服务器使用的邮件域
myorigin = /etc/mailname     #设置外发邮件时发件人地址中的邮件域名
mydestination = $mydomain,$myhostname
                             #设置可接收的邮件地址中的域名
home_mailbox = maildir/      #设置邮件存储位置和格式
```

以上的配置选项在配置文件中基本都可以找到，用户只需要根据自己的需要作对应修改即可。

3. 添加邮件服务账号

Postfix邮件服务配置完成了，则需要创建对应的邮件账号，用来实现收发邮件。下面创建两个邮件账号bob和xiaoqi，用来测试Postfix邮件服务器的配置。代码如下所示：

```
root@test-virtual-machine:~# useradd -m -d /home/bob -s /sbin/
nologin -g mailusers bob
root@test-virtual-machine:~# useradd -m -d /home/xiaoqi -s /
sbin/nologin -g mailusers xiaoqi
root@test-virtual-machine:~# passwd bob
新的 密码：
重新输入新的 密码：
passwd：已成功更新密码
root@test-virtual-machine:~# passwd xiaoqi
新的 密码：
```

重新输入新的 密码:
passwd: 已成功更新密码

4. 启动Postfix邮件服务器

Postfix服务所有配置完成后，还需要启动该服务才可以实现邮件的发送。执行命令如下所示:

```
root@test-virtual-machine:~# service postfix start
```

执行以上命令后，将不会输出任何信息。此时，用户可以查看该服务监听的端口，来确认Postfix服务是否启动成功。Postfix服务默认监听的端口是25。代码如下所示:

```
root@test-virtual-machine:~# netstat -antpul | grep 25
tcp        0      0 0.0.0.0:25              0.0.0.0:*
LISTEN      4289/master
tcp6       0      0 :::25                   :::*
LISTEN      4289/master
```

从输出信息可以看到，TCP 25号端口被成功监听了。接下来，用户就可以实现邮件的收发了。

本章习题

一、填空题

（1）电子邮件简称_____，又称_____、_____。
（2）PHP提供的_____函数可以用来发送电子邮件。

二、选择题

（1）下面（   ）格式属于合法的邮件地址格式。

A. zwgzu@hotmail.com   B. zwgzu   C. @hotmail.com

（2）PHP发送电子邮件消息包括（   ）三种类型。

A. 文本类型   B. HTML类型   C. 包含附件的消息

三、判断题

（1）使用mail()函数发送电子邮件，必须在本地搭建SMTP邮件服务器。 （   ）
（2）使用SMTP类发送邮件，则需要先创建SMTP类。 （   ）

四、操作题

（1）练习使用mail()函数发送电子邮件。
（2）练习使用SMTP类发送电子邮件。

第 8 章

PHP 和 AJAX 技术

AJAX 是当今 Web 应用开发中一种相当流行的技术，它最大的优点就是给予用户最佳的浏览体验。从技术角度看，AJAX 将几种早已存在的技术有机地结合起来，为 Web 开发带来历史性突破，以至于有人以此作为一个新 Web 时代（所谓的 Web 2.0）开始的标志。无论是使用 Java、Ruby 还是 PHP，都可以实现 AJAX 应用。本章将讲解 PHP 和 AJAX 技术的结合。

PHP 和 AJAX 技术

知识入门

1. 什么是AJAX

AJAX全称为Asynchronous JavaScript and XML（异步JavaScript和XML），是指一种创建交互式网页应用的网页开发技术。AJAX并不是一门新的语言，甚至也不是一项新的技术。我们从名称就可以知道，它是几项技术按一定的方式组合在一起，在共同的协作中发挥各自的作用。

AJAX包括使用XHTML和CSS标准实现Web页面，使用DOM实现动态显示和交互，使用XML进行数据交换与处理，最后使用JavaScript绑定和处理所有数据。

AJAX将一些服务器负担的工作下放至客户端，利用客户端的某些能力来处理数据，从而减轻服务器和带宽的负担。AJAX的最大优点就是页面无需刷新就可以更新页面内容和数据，减少用户实际和心理上的等待时间，用户不再遇到因为页面刷新导致浏览器长时间空白，甚至停止响应的糟糕结果，这给了用户最佳的体验效果。AJAX基于标准化的XML，被广泛使用并且支持良好，有利于维护和修改。AJAX调用外部数据很方便，在需要页面与数据分离的情况下，可以应用AJAX获取数据。

2. AJAX的工作原理

使用异步方式与服务器通信，不需要打断用户的操作，具有更加迅速的响应能力。重要的是，AJAX技术可以把以前一些服务器负担的工作转到客户端，利用客户端闲置的能力来处理响应，可以最大程度地减少冗余请求，以及由于响应而对服务器造成的负担。

在AJAX之前，Web站点强制用户进入提交、等待、刷新页面显示数据的流程，用户的动作总是与服务器的"思考时间"同步。而AJAX提供与服务器异步通信的能力，从而使用户从请求/响应的循环中解脱出来。借助于AJAX，用户在单击按钮时，JavaScript和DHTML立即更新Web页面，并向服务器发出异步请求，以执行更新或查询数据库。当请求返回时，就可以使用JavaScript和CSS来相应地更新Web页面，而不是刷新整个页面。最重要的是，用户甚至不知道浏览器正在与服务器通信：Web站点看起来是即时响应的。

关于AJAX的工作原理，用一句话就可以概括：通过XMLHttpRequest对象来向服务器发出异步请求，从服务器获得数据，然后用JavaScript来操作DOM从而完成页面更新。从用户角度看，虽页面没有经过刷新，而页面的内容和数据却焕然一新。通过图8-1可以更清楚地理解AJAX的工作原理。

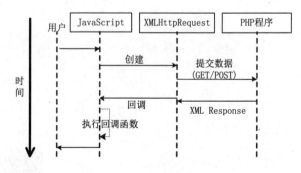

图8-1 AJAX的工作原理

尽管AJAX如此流行，亦有诸多优点，但事实上AJAX并不完美，它也有缺陷，而且这些缺陷都是先天性的。

几乎每个在Internet上冲浪的用户都会使用后退操作，这已经是一个操作习惯。如果访问一个站点而不能使用浏览器的后退功能，用户一定会感觉非常别扭。而 AJAX 就破坏了浏览器的"后退"按钮的操作，即破坏了浏览器的"后退"机制。这是 AJAX 所带来的一个比较严重的问题，因为几乎所有 Internet 用户都希望能够通过后退来查看刚刚浏览过的页面。这种先天缺陷并非无法解决。例如，可以创建或使用一个隐藏的 IFRAME 来重现页面上的变更，众所周知的 Gmail 是 AJAX 应用的一个典范，它就是通过这样的办法恢复了浏览器的后退功能，但这样做的成本是非常高的。

AJAX 并非在 Web 界面开发的各方面都适合，应该有所选择地使用 AJAX。比如在验证用户提交表单的时候，使用 AJAX 就是一个恰当的选择。当用户提交的数据有误的时候，该页面不会刷新，原来输入的正确的数据仍然存在于表单。又如，从数据库读取数据并向用户显示时，还是使用服务器端脚本输出比较简单，也更快速。

3. AJAX 的优点

与传统的 Web 应用不同，AJAX 在用户与服务器之间引入一个中间媒介（AJAX 引擎），Web 页面不用打断交互流程进行重新加载即可动态更新，从而消除了网络交互过程中的"处理——等待——处理——等待"的缺点。

使用 AJAX 的优点具体表现在以下几个方面：

（1）减轻服务器的负担。AJAX 的原则是"按需求获取数据"，可以最大程度地减少冗余请求和响应对服务器造成的负担。

（2）可以把一部分以前由服务器负担的工作转移到客户端，利用客户端闲置的资源进行处理，减轻服务器和带宽的负担，节约空间和宽带租用成本。

（3）无刷新更新页面，使用户不再像以前一样在服务器处理数据时只能在死板的白屏前焦急的等待。AJAX 使用 XMLHttpRequest 对象发送请求并得到服务器响应，在不需要重新载入整个页面的情况下，即可通过 DOM 及时将更新的内容显示在页面上。

（4）可以调用 XML 等外部数据，进一步实现 Web 页面显示和数据的分离。

（5）基于标准化的并被广泛支持的技术，不需要下载插件或小程序。

 ## 8.1 AJAX 使用的技术

AJAX 是几项技术按一定的方式组合在一起，在共同的协作中发挥各自的作用。其中，使用的技术有 JavaScript、XMLHttpRequest、XML 语言等。本节将介绍 AJAX 使用的技术。

8.1.1 JavaScript脚本语言

JavaScript是一种在Web页面中添加动态脚本代码的解释型程序语言，其核心已经预置到目前主流的Web浏览器中。虽然平时应用最多的是通过JavaScript实现一些网页特效及表单数据验证等功能，但JavaScript可以实现的功能远不止这些。JavaScript是一种具有丰富的面向对象特效的程序设计语言，利用它能执行许多复杂的任务。例如，AJAX就是利用JavaScript将DOM、XHTML（或HTML）、XML及CSS等技术综合起来，并控制它们的行为。因此，要开发一个复杂高效的AJAX应用程序，就必须对JavaScript有深入的了解。关于JavaScript脚本语言的详细讲解可参考相关书籍。

8.1.2 XMLHttpRequest

AJAX技术中，最核心的技术就是XMLHttpRequest。它是一个具有应用程序接口的JavaScript对象，能够使用超文本传输协议（HTTP）连接服务器，是微软公司为了满足开发者的需求，于1999年在IE 5.0浏览器中率先推出的。现在许多浏览器都对其提供了支持，但实现方式与IE有所不同。

通过XMLHttpRequest对象，AJAX可以像桌面应用程序一样只同服务器进行数据层面的交换，而不用每次都刷新页面，也不用每次都将数据处理的工作交给服务器来做。这样既减轻了服务器负担又加快了响应速度，从而缩短了用户等待的时间。

在使用XMLHttpRequest对象发送请求和处理响应之前，首先需要初始化该对象。由于XMLHttpRequest不是一个W3C标准，所以对于不同的浏览器，初始化的方法也不同。

1. IE浏览器

IE浏览器把XMLHttpRequest实例化为一个ActiveX对象。具体方法如下：

```
var http_request = new ActiveXObject("Msxml2.XMLHTTP");
```

或

```
var http_request = new ActiveXObject("Microsoft.XMLHTTP");
```

在上面代码中，Msxml2.XMLHTTP和Microsoft.XMLHTTP是针对IE浏览器的不同版本而进行设置的，目前比较常用的是这两种。

2. Mozilla、Safari等其他浏览器

Mozilla、Safari等其他浏览器把它实例化为一个本地JavaScript对象。具体方法如下：

```
var http_request = new XMLHttpRequest()
```

为了提高程序的兼容性，可以创建一个跨浏览器的XMLHttpRequest对象。方法很简单，只需要判断一下不同浏览器的实现方式。如果浏览器提供了XMLHttpRequest类，则直接创建一个实例，否则使用IE的ActiveX控件。具体代码如下：

```
if(window.XMLHttpRequest) {
    http_request=new XMLHttpRequest();
```

```
}
else if(window.ActiveXObject) {
    try{
        http_request=new ActiveXObject("Msxml2.XMLHTTP");
    }cach(e){
    try{
        http_request=new ActiveXObject("Microsoft.XMLHTTP");
    }catch(e){}
    }
}
```

提示：由于 JavaScript 具有动态型特性，而且 XMLHttpRequest 对象在不同浏览器上的实例是兼容的，所以可以用同样的方式访问 XMLHttpRequest 实例的属性或方法，不需要考虑创建该实例的方法。

8.1.3 XML 语言

可扩展的标记语言（eXtensible Markup Language，XML）提供了用于描述结构化数据的格式。XMLHttpRequest 对象与服务器交换的数据，通常采用 XML 格式，但也可以是基于文本的其他格式。

8.1.4 DOM

文档对象模型（Document Object Model，DOM）为 XML 文档的解析定义了一组接口。解析器读入整个文档，然后构建一个驻留内存的树结构，最后通过 DOM 可以遍历树以获取来自不同位置的数据，可以添加、修改、删除、查询和重新排列树及其分支。另外，还可以根据不同类型的数据源来创建 XML 文档。在 AJAX 应用中，通过 JavaScript 操作 DOM，可以达到在不刷新页面的情况下实时修改用户界面的目的。

8.1.5 CSS

层叠样式表（Cascading Style Sheet，CSS）用于控制网页样式并允许将样式信息与网页内容分离的一种标记性语言。在 AJAX 中，通常使用 CSS 进行页面布局，并通过改变文档对象的 CSS 属性控制页面的外观和行为。CSS 是 AJAX 开发人员所需要的重要武器，它提供了从内容中分离应用样式和设计的机制。虽然 CSS 在 AJAX 应用中扮演至关重要的角色，但它也是构建跨浏览器应用的一大阻碍，因为不同的浏览器支持不同的 CSS 级别。

8.2 AJAX 与数据交互

AJAX 是运行在浏览器端的技术，它在浏览器端和服务器端之间使用异步技术传输数据，但完整的 AJAX 的应用还需要服务器端的组件。毕竟，浏览器端所有的请求将要由服务器端处理。浏览器端仅仅是通过 JavaScript 发出请求并等待服务器的响应，最后处理服务器端传来的数据。服务器端可以使用任何一种语言实现应用，在本书中使用 PHP 语言。本节就讲解 AJAX 和 PHP 在 Web 开发中的结合应用。

8.2.1 创建 XMLHttpRequest 对象

XMLHttpRequest 对象是 AJAX 的关键所在，使用 XMLHttpRequest 对象是实现 AJAX 技术的第一步。XMLHttpRequest 是一个 JavaScript 对象，创建该对象很简单，代码如下所示。

```
<script language="javascript">
    var xmlHttp = new XMLHttpRequest();
</script>
```

这段代码创建了一个 XMLHttpRequest 对象，并将其赋给 JavaScript 变量 xmlHttp，该变量即代表了 XMLHttpRequest 对象。不同的浏览器使用不同的方法创建 XMLHttpRequest 对象。例如，IE 就使用 ActiveXObject。下面的 JavaScript 代码解决了这个问题。

```
1   var xmlHttp=null
2   if (window.xmlHttpRequest)
3   {
4   xmlHttp=new xmlHttpRequest()
5   }
6   else if (window.ActiveXObject)
7   {
8   xmlHttp=new ActiveXObject("Microsoft.xmlHTTP")
9   }
```

这段代码第 1 行定义了一个变量 xmlHttp，将来作为 XMLHttpRequest 对象来使用，将其赋值为 null。然后判断 window.xmlHttpRequest 对象是否存在，如果存在就创建该对象。否则，就创建 ActiveXObject 对象，如代码第 8 行所示。这里的参数 Microsoft.xmlHTTP 是 ActiveX 对象的 ID。

然而，这样创建 XMLHttpRequest 请求在某些情况下仍然会有问题。因为 ActiveXObject 方法调用所使用的参数可能会有所不同，除了 Microsoft.xmlHTTP，对于更新版本的 IE 浏览器，该参数就是 Msxml2.XMLHTTP。另外，如果试图在浏览器端创建一个不存在的 ActiveX 对象，应该抛出一个异常。

实例 8-1　下面为完整创建 XMLHttpRequest 对象的 JavaScript 程序。

```
1   function GetXmlHttpRequest()
2   {
3       var xmlHttp=null;
4       try
5       {
6           xmlHttp = new XMLHttpRequest();
```

```
//对于Firefox等浏览器
7      }
8      catch(e)
9      {
10        try
11        {
12            xmlHttp = new ActiveXObject("Msxml2.XMLHTTP");
//对于IE浏览器
13        }
14        catch (e)
15        {
16            try
17            {
18                xmlHttp = new ActiveXObject("Microsoft.
XMLHTTP");
19            }
20            catch(e)
21            {
22                xmlHttp = false;
23            }
24        }
25    }
26
27 return xmlHttp;
28 }
```

这段代码将创建XMLHttpRequest对象的功能封装在一个函数之内。下面对创建XMLHttpRequest对象的步骤加以说明。

（1）建立一个变量xmlHttp来引用即将创建的XMLHttpRequest对象，如代码第 3 行所示。

（2）尝试在非IE浏览器端创建该对象，如代码第 6 行所示。如果成功，则不再执行后续代码，变量xmlHttp即为所创建的XMLHttpRequest对象。

（3）如果上步创建失败，则尝试在IE浏览器中使用Msxml2.XMLHTTP创建XMLHttpRequest对象。如果成功，则不再执行后续代码，变量xmlHttp即为所创建的XMLHttpRequest对象。

（4）如果上步失败，再尝试使用Microsoft.XMLHTTP创建该对象。如果成功，变量xmlHttp即为所创建的XMLHttpRequest对象。

（5）如果以上步骤都失败，则该对象赋值为false，表示创建XMLHttpRequest对象失败。

8.2.2 发送异步请求

上小节向读者介绍了实现AJAX应用的关键一步。之所以说它是关键一步，是因为XMLHttpRequest对象将要向Web服务器发出请求，实现了通过JavaScript和Web应用程序交互，而不是用户提交给Web服务器的那个HTML表单。

那么，到底如何使用XMLHttpRequest对象向服务器发出请求呢？首先就是要创建一个

JavaScipt 函数，该函数由 Web 页面调用。例如，用户输入数据或在下拉列表中做了选择时，这个 JavaScript 函数内将使用 XMLHttpRequest 对象向服务器发出请求。在实现使用 JavaScript 向服务器发出请求之前，读者还需要进一步了解 XMLHttpRequest 对象的一些方法。它们在 AJAX 应用中发挥着至关重要的作用，读者有必要了解每一个方法，这些方法介绍如下。

（1）open()方法：该方法的用法是 open(method, url [,async])。open 方法会使用 method 参数所指定的方式（GET 或 POST）打开（或设置）一个到参数 url 所指定的连接。可选参数 async 可以将请求设置为异步或同步。如果该参数值为 true，则表示异步，反之为同步。默认参数 async 的值为 true，即发起异步请求。该方法还有两个可选参数，因为在本书的实例中不会涉及，这里不再赘述。

（2）setRequestHeader()方法：该方法的用法是 setRequestHeader(label, value)。它的作用就是在请求报头中增加一个"标签 - 值"对。

（3）send()方法：该方法的用法是 send(content)。该方法向服务器发出请求。

（4）getAllResponseHeaders()方法：该方法的用法是 getAllResponseHeaders()，它获取服务器所有的 HTTP 响应报头，并将其作为一个字符串返回。这个字符串包含的信息有：活动状态的超时时间、内容类型、和服务器有关的信息和日期。

（5）getReponseHeader()方法：该方法的用法是 getReponseHeader(label)，它获取一个由参数 label 指定的 HTTP 响应报头。

（6）abort()方法：该方法的用法是 abort()，它用来中止当前的请求。

在了解了 XMLHttpRequest 对象之后，还有必要认识一下该对象的属性，它在 AJAX 应用中同样是很重要的。表 8-1 列举了 XMLHttpRequest 对象的属性及其含义描述。

表 8-1　XMLHttpRequest 对象的属性及其含义

属性	描述
onreadystatechange	每次请求状态发生改变时，会调用由该属性保存的事件处理程序
readyState	对象状态值，有 5 个值供选择：0 表示未初始化的请求，1 表示正在加载的请求（loading），2 表示一个加载完毕的请求（loaded），3 表示正在接受响应，4 表示响应接收完毕（complete）
responseText	从服务器返回的数据，以字符串形式给出
responseXML	从服务器返回的 DOM 兼容的文档数据对象，即 XML 数据对象
status	从服务器返回的数字代码，比如 404（未找到）或 200（一切正常）
statusText	与状态相关的文本信息

在熟悉 XMLHttpRequest 对象的方法和属性之后，就可以实现使用 XMLHttpRequest 对象向服务器发出请求的 JavaScript 函数了。该 JavaScipt 函数假定某个 Web 页面的 Form 表单中有个名叫 name 的文本框，该函数获取该文本框中的数据，并将该数据提交一个名叫 getUserName. php 的服务器程序，这个程序将处理浏览器提交的数据。因为这里只是讲解 AJAX 如何通过 JavaScript 向服务器发出请求，所以并没有实现服务器端的程序，读者在这里需要重点了解 XMLHttpReques 对象方法的使用。

实例 8-2 下面演示使用 JavaScript 函数发出异步请求。

```
1   function sendRequest()
2   {
3       //获取页面表单的文本框name的值
4       var user_name = document.getElementById("name").value;
5
6       if((user_name == null) || (user_name == ""))
7           return;
8
9       xmlHttp = GetXmlHttpRequest();
10      if(xmlHttp == null)
11      {
12          alert("浏览器不支持XmlHttpRequest！");
13          return;
14      }
15
16      var url = "getUserName.php";              //构建请求的URL地址
17      url = url + "?name=" + user_name;
18
19      xmlHttp.open("GET", url, true);
                        //使用GET方法打开一个到url的连接，为发出请求做准备
20      //设置一个函数，当服务器处理完请求后调用，该函数名为updatePage
21      xmlHttp.onreadystatechange = updatePage;
22      xmlHttp.send(null);                       //发送请求
23  }
```

这段 JavaScipt 函数完成向服务器发出请求的功能。其中的代码意义都很明确，这里做一些简单的解释。代码第 4 行，使用基本的 JavaScript 代码获取表单文本框元素 name 的值。在该值有效的情况下，调用 8.2.1 节的函数 GetXmlHttpRequest() 完成 XmlHttpRequest 对象的创建。如果 XmlHttpRequest 对象创建成功，则构建一个 URL 地址。这个地址由服务器端处理程序及其需要的参数拼接而成，该地址就是将来要向服务器发起请求的地址。

接着，在代码第 19 行调用 XmlHttpRequest 对象的 open() 方法。打开此前建立的 URL 地址，使用 GET 方法传送数据，并将请求设置为异步方式（open() 方法的第 3 个参数为 ture，表示异步请求）。代码第 19 行是第 1 次使用 XmlHttpRequest 对象。

代码第 21 行使用了 XmlHttpRequest 对象的 onreadystatechange 属性，该属性的作用就是告诉服务器在请求处理完成之后做什么。因为是异步请求，在 JavaScript 发出请求后并没有等待服务器的响应，所以当服务器完成请求处理，向浏览器发出响应时，应该通知 JavaScript，这就是 onreadystatechange 属性存在的意义。在这个示例中，当服务器完成请求处理，将触发一个名叫 updatePage() 的 JavaScript 函数。

最后在代码第 22 行，XmlHttpRequest 对象调用方法 send() 将请求向服务器发出。

最后总结一下 AJAX 应用的基本流程：

（1）创建 XmlHttpRequest 对象。

（2）在JavaScript函数中获取表单数据。

（3）建立要连接的URL地址。

（4）打开到该URL所在服务器的连接。

（5）设置服务器处理完请求后需要调用的函数。

（6）发送请求。

8.2.3 编写回调函数

上一节已经实现了AJAX应用中向服务器发送请求的功能，接下来要面对的就是处理服务器的响应。上小节的实例代码的第21行所指定的服务器处理完请求之后所要调用的函数，即所谓的回调函数。JavaScript将在这个函数中完成对服务器返回响应的处理。

XmlHttpRequest对象的readyState属性表示了请求/响应过程中的不同状态。当该属性值为4时，表示响应加载完毕。XmlHttpRequest对象的另一个属性responseText存放了服务器文本格式的响应。服务器将请求的处理结果填充到XmlHttpRequest对象的responseText属性中。知道了这两点，编写回调函数就容易了。

实例 8-3 使用代码处理服务器响应的JavaScript函数。

```
1    function updatePage()
2    {
3        if(xmlHttp.readyState == 4)
4        {
5            var response = xmlHttp.responseText;
6            document.getElementById("userInfo").value = response;
7        }
8    }
```

这段处理服务器响应的代码看起来要比发出请求的JavaScript代码简单。该函数等待服务器的调用，当服务器处理完请求，就会调用该函数。这段代码第3行判断XmlHttpRequest对象的readyState属性的值是否为4。如果为4，则通过XmlHttpRequest对象的responseText获取服务器的响应数据，如代码第5行所示。然后通过JavaScipt代码将这个服务器响应结果显示到Web页面中，如代码第6行所示。AJAX正是在这里实现了页面没有刷新，但页面内容却被更新的效果。

8.2.4 完整实例

本实例实现的功能是，当用户在Web页面的下拉列表框中选择某个省的名称后，会在页面上显示该省的省会名称，而此时页面并不刷新。省会名称将由服务器端传送至浏览器端，所以这个完整实例将包含以下三个部分。

（1）HTML页面，包含下拉列表框和要显示省会名称的位置。

（2）JavaScript程序，实现发送请求和处理响应。

（3）服务端的PHP程序，用来接收浏览器的请求，向浏览器传送结果数据。

通常JavaScript程序可以直接写在HTML页面当中，也可以将JavaScript程序单独写在.js文件中，然后在 HTML 中引用。本例将采用前一种做法。

实例 8-4 使用代码演示 HTML 页面和 JavaScript 程序的完整代码。

（1）编写选择数据的 HTML 页面 8-4.html。

```
1    <html>
2    <head>
3    <title>ajax应用实例</title>
4
5    <script language="javascript">
6    var xmlHttp = null;
7
8    function GetXmlHttpRequest()
9    {
10       var xmlHttp=null;
11       try                      //创建XMLHttpRequest对象
12       {
13           xmlHttp = new XMLHttpRequest();
14       }
15       catch(e)
16       {
17           try
18           {
19               xmlHttp = new ActiveXObject("Msxml2.XMLHTTP");
20           }
21           catch (e)
22           {
23               try
24               {
25                   xmlHttp = new ActiveXObject("Microsoft.
XMLHTTP");
26               }
27               catch(e)
28               {
29                   xmlHttp = false;
30               }
31           }
32       }
33
34   return xmlHttp;                //返回XMLHttpRequest对象
35   }
36
37   function sendRequest()        //发送异步请求
38   {
39       var prov_name = document.getElementById("province").
```

```
value;
40
41      if((prov_name == null) || (prov_name == ""))
42          return;
43
44      xmlHttp = GetXmlHttpRequest();
45      if(xmlHttp == null)
46      {
47          alert("浏览器不支持XmlHttpRequest！ ");
48          return;
49      }
50
51      var url = "8-4.php";
52      url = url + "?prov=" + prov_name;
53
54      xmlHttp.open("GET", url, true);
55      xmlHttp.onreadystatechange = updatePage;
56      xmlHttp.send(null);
57  }
58
59  function updatePage()                  //处理服务器响应
60  {
61      if(xmlHttp.readyState == 4 && xmlHttp.status == 200)
62      {
63          var response = xmlHttp.responseText;
64          document.getElementById("city").innerHTML = response;
65      }
66  }
67  </script>
68
69  <head>
70
71  <body>
72  <h3>请选择一个省（自治区）: </h3>
73
74  <form action="8-4.php">
75      <div>
76      <select id="province" onchange="sendRequest()">
77          <option value="">请选择一个省（自治区）</option>
78          <option value="ah">安徽</option>
79          <option value="fj">福建</option>
80          <option value="gs">甘肃</option>
81          <option value="gd">广东</option>
82          <option value="gx">广西</option>
```

```
83          <option value="gz">贵州</option>
84          <option value="hn">海南</option>
85          <option value="hb">河北</option>
86          <option value="hh">河南</option>
87          <option value="hl">黑龙江</option>
88      </select>
89      </div>
90  </form>
91
92  <div id="city">
93  </div>
94
95  </body>
96  </html>
```

这段代码的 JavaScript 部分，就是前面三个小节所讲的 AJAX 实现步骤的 JavaScript 函数，这里就不再赘述其功能。这段代码的 HTML 部分是在一个表单中加入下拉列表框供用户选择，选择后就会向服务器提交数据。服务器处理完成后回调用 updatePage() 函数，将结果显示在该 HTML 页面的 ID 为 "city" 的 div 中，如代码第 92 行所示。

（2）编写服务器端处理数据的 PHP 程序 8-4.php。该程序将获取浏览器端由 JavaScript 提交的数据，即省份名称。然后在一个数组内找到该省份匹配的省会名称，将该名称返回至浏览器端。

```
1   <?php
2   $city_arr = array(
3       "ah"=>"合肥",
4       "fj"=>"福州",
5       "gs"=>"兰州",
6       "gd"=>"广州",
7       "gx"=>"南宁",
8       "gz"=>"贵阳",
9       "hn"=>"海口",
10      "hb"=>"石家庄",
11      "hh"=>"郑州",
12      "hl"=>"哈尔滨"
13  ) ;
14
15  if(empty($_GET['prov']))
16  {
17      echo "您没有选择省（自治区）";
18  }
19  else
20  {
21      $prov = $_GET['prov'];
```

```
22          $city = $city_arr[$prov];
23          echo "所选省（自治区）省会（首府）为："$city;
24      }
25  ?>
```

这是一个很简单的PHP程序，首先定义一个数组用来存储省会名称，然后根据浏览器传入的数据从该数组中取得所对应的省会名称，最后将该数据输出。此时，访问8-4.html程序，打开界面如图8-2所示。然后，单击下拉列表选择一个省，页面将输出该省的省会，效果如图8-3所示。

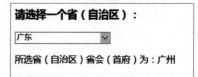

图8-2　HTML网页　　　　　　　　　　　　图8-3　AJAX执行效果

本小节介绍的实例代码，最后向浏览器端响应的是一个字符串结果，并不是XML。这样做只是为了更便于读者理解AJAX的工作原理及使用方法。事实上，服务器的响应是XML才更符合AJAX的本质。如果浏览器端得到的响应是XML，那么在回调函数中就要实现对XML的处理，最终完成页面内容的更新。

使用AJAX技术从数据库读取数据

任务描述

首先，在MySQL服务器的mydatabase数据库中创建数据表websites。其中，该数据表包含5个字段，分别为id、name、url、alexa和country，对应的数据见表8-2所列。

表8-2　websites表数据

id	name	url	alexa	country
1	Google	https://www.google.com/	1	USA
2	淘宝	http://www.taobao.com/	13	CN
3	菜鸟教程	http://www.runoob.com/	4689	CN
4	微博	http://weibo.com/	20	CN
5	Facebook	https://www.facebook.com	3	USA

然后，编写HTML网页8-5.html，实现从下拉列表中选择数据表中的用户名。最后，编写PHP程序8-5.php，实现使用AJAX技术从数据库表websites中读取数据。

任务实施

根据任务描述中的要求，创建数据表websites。创建完成后，该数据表查询结果如下所示：

```
mysql> SELECT * FROM websites;
```

```
+-----+----------+------------------------------+-------+--------+
| id  | name     | url                          | alexa |country |
+-----+----------+------------------------------+-------+--------+
|  1  | Google   | https://www.google.com/      | 1     | USA    |
|  2  | 淘宝      | http://www.taobao.com/       | 13    | CN     |
|  3  | 菜鸟教程  | http://www.runoob.com/       | 4689  | CN     |
|  4  | 微博      | http://weibo.com/            | 20    | CN     |
|  5  | Facebook | https://www.facebook.com     | 3     | USA    |
+-----+----------+------------------------------+-------+--------+
5 rows in set (0.00 sec)
```

接下来，用户就可以创建 HTML 网页 8-5.html。其代码如下所示：

```html
<!DOCTYPE html>
<html>
<head>
<meta charset="utf-8">
<title>使用AJAX技术从数据库读取数据</title>
<script>
function showSite(str)
{
    if (str=="")
    {
        document.getElementById("txtHint").innerHTML="";
        return;
    }
    if (window.XMLHttpRequest)
    {
        // IE7+, Firefox, Chrome, Opera, Safari 浏览器执行代码
        xmlhttp=new XMLHttpRequest();
    }
    else
    {
        // IE6, IE5 浏览器执行代码
        xmlhttp=new ActiveXObject("Microsoft.XMLHTTP");
    }
    xmlhttp.onreadystatechange=function()
    {
        if (xmlhttp.readyState==4 && xmlhttp.status==200)
        {
            document.getElementById("txtHint").
innerHTML=xmlhttp.responseText;
        }
    }
    xmlhttp.open("GET","8-5.php?q="+str,true);
```

```
    xmlhttp.send();
    }
</script>
</head>
<body>
<form>
<select name="users" onchange="showSite(this.value)">
<option value="">选择一个网站：</option>
<option value="1">Google</option>
<option value="2">淘宝</option>
<option value="3">菜鸟教程</option>
<option value="4">微博</option>
<option value="5">Facebook</option>
</select>
</form>
<br>
<div id="txtHint"><b>网站信息显示在这里……</b></div>
</body>
</html>
```

访问以上程序后，打开界面如图 8-4 所示。当用户在下拉列表中选择某位用户时，会执行命为"ShowSite()的函数"。该函数由 onchange 事件触发。该函数会执行以下步骤：

（1）检查是否有网站被选择。

（2）创建 XMLHttpRequest 对象。

（3）创建在服务器响应就绪时执行的函数。

（4）向服务器上的文件发送请求。

（5）请求注意添加到 URL 末端的参数 (q)（包含下拉列表的内容）。

在 HTML 网页中，指定通过 JavaScript 调用的服务器页面是"8-5.php"的 PHP 文件。该程序将会执行一个 MySQL 数据库的查询，然后在 HTML 表格中返回结果。其代码如下所示：

```php
<?php
$q = isset($_GET["q"]) ? intval($_GET["q"]) : '';

if(empty($q)) {
    echo '请选择一个网站';
    exit;
}
$con = mysqli_connect('localhost','root','123456');
if (!$con)
{
    die('Could not connect: ' . mysqli_error($con));
}
// 选择数据库
mysqli_select_db($con,"mydatabase");
```

```php
// 设置编码，防止中文乱码
mysqli_set_charset($con, "utf8");
$sql="SELECT * FROM Websites WHERE id = '".$q."'";
$result = mysqli_query($con,$sql);
echo "<table border='1'>
<tr>
<th>ID</th>
<th>网站名</th>
<th>网站 URL</th>
<th>Alexa 排名</th>
<th>国家</th>
</tr>";
while($row = mysqli_fetch_array($result))
{
    echo "<tr>";
    echo "<td>" . $row['id'] . "</td>";
    echo "<td>" . $row['name'] . "</td>";
    echo "<td>" . $row['url'] . "</td>";
    echo "<td>" . $row['alexa'] . "</td>";
    echo "<td>" . $row['country'] . "</td>";
    echo "</tr>";
}
echo "</table>";
mysqli_close($con);
?>
```

以上程序中，当查询从 JavaScript 发送到 PHP 文件时，将打开一个到 MySQL 数据库的连接。然后，找到选中的用户，创建 HTML 表格，填充数据，并发送回 txtHint 占位符。例如，在 HTML 网页的下拉列表中，选择"淘宝"将显示该网站名称对应的数据信息，如图 8-5 所示。

图 8-4　HTML 网页

图 8-5　查询结果

8.3　在 PHP 中应用 AJAX 技术

当用户对 AJAX 技术的基础知识及工作原理了解清楚，就可以使用该技术实现网站开发了。本节将介绍 AJAX 在开发中注意的问题及典型的应用。

8.3.1 在 AJAX 开发过程中需要注意的问题

AJAX 在开发过程中需要注意以下几个问题。

1. 浏览器兼容性问题

AJAX 使用了大量 JavaScript 和 AJAX 引擎，而这些内容需要浏览器提供足够的支持。目前，提供这些支持的浏览器有 IE 5.0 及以上版本，Mozilla 1.0、Netscape 7 及以上版本。Mozilla 虽然也支持 AJAX，但是提供 XMLHttpRequest 对象的方式不一样，所以使用 AJAX 程序必须测试针对各个浏览器的兼容性。

2. XMLHttpRequest 对象封装

AJAX 技术的实现主要依赖于 XMLHttpRequest 对象，但在调用它进行异步数据传输时，由于 XMLHttpRequest 对象的实例在处理完事件后就会被销毁，因此如果不对该对象进行封装处理，在下次需要调用它时就要重新构建。而且每次调用都需要写一大段的代码，使用起来很不方便。现在很多开源的 AJAX 框架都提供了对 XMLHttpRequest 对象的封装方案，详细内容这里不作介绍。

3. 性能问题

AJAX 将大量的计算从服务器端移到了客户端。这就意味着浏览器要承受更大的负担，而不再只负责简单的文档显示。AJAX 的核心语言是 JavaScript，而 JavaScript 并不以高性能知名。另外，JavaScript 对象也不是轻量级的，特别是 DOM 元素会耗费大量的内存。因此，如何提高 JavaScript 代码的性能对于 AJAX 开发来说非常重要。对 AJAX 应用执行速度的优化方法有三种，如下所示：

（1）优化 for 循环。

（2）将 DOM 节点附加到文档上。

（3）尽量减少点 "." 号操作符的使用。

4. 中文编码问题

AJAX 不支持多种字符集，默认的字符集是 UTF-8。所以，在应用 AJAX 技术的程序中及时进行编码转换，否则程序中出现的中文字符将变成乱码。一般情况下，以下两种情况将产生中文乱码。

（1）PHP 发送中文、AJAX 接收时，这时只需要在 PHP 页的顶部添加如下语句：

```
header("Content-type:text/html;charset=GB2312");
```

XMLHttpRequest 就会正确解析其中的中文。

（2）AJAX 发送中文、PHP 接收时，这会比较复杂，应该在 AJAX 中先用 encodeURIComponent 对要提交的中文进行编码，再在 PHP 页中添加如下代码：

```
$GB2312string=iconv('UTF-8','gb2312//
IGNORE',$RequestAjaxString);
```

PHP 选择 MySQL 数据库时，使用如下语句设置数据库的编码类型：

```
mysqli_query($conn,"set names gb2312");
```

8.3.2 使用 AJAX 技术检测用户名

在实际项目开发中，凡是提供用户注册功能的网站，在会员注册时，都会通过 AJAX 技术来检测当前注册的用户名是否已存在。下面介绍通过 AJAX 技术来实现该功能。

实例 8-5　使用代码通过 AJAX 技术实现不刷新页面检测用户名是否被占用。本例以前面的 mydatabase 数据库中的 tb_admin 数据表为基础。

（1）搭建 AJAX 开发框架。核心代码如下：

```
<script language="javascript">
var http_request = false;
function createRequest(url) {
    //初始化对象并发出XMLHttpRequest请求
    http_request = false;
    if (window.XMLHttpRequest) {            //Mozilla等其他浏览器
        http_request = new XMLHttpRequest();
        if (http_request.overrideMimeType) {
            http_request.overrideMimeType("text/xml");
        }
    } else if (window.ActiveXObject) {        //IE浏览器
        try {
            http_request = new ActiveXObject("Msxml2.XMLHTTP");
        } catch (e) {
            try {
                http_request = new ActiveXObject("Microsoft.
XMLHTTP");
            } catch (e) {}
        }
    }
    if (!http_request) {
        alert("不能创建XMLHTTP实例!");
        return false;
    }
    http_request.onreadystatechange = alertContents;
                                                //指定响应方法

    http_request.open("GET", url, true);      //发出HTTP请求
    http_request.send(null);
}
function alertContents() {                     //处理服务器返回的信息
    if (http_request.readyState == 4) {
        if (http_request.status == 200) {
            alert(http_request.responseText);
```

```
    } else {
        alert('您请求的页面发现错误');
    }
    }
}
</script>
```

（2）编写 JavaScript 的自定义函数 checkName()，用于检测用户名是否为空。当用户名不为空时，调用 createRequest() 函数发送请求检测用户名是否存在。代码如下所示：

```
<script language="javascript">
function checkName() {
    var username = form1.username.value;
    if(username=="") {
        window.alert("请填写用户名!");
        form1.username.focus();
        return false;
    }
    else {
        createRequest('checkname.php?username='+username+'&nocach
e='+new Date().getTime());
    }
}
</script>
```

在上面的代码中，必须添加清除缓存的代码（加粗的代码部分）。否则，程序将不能正确检测用户名是否被占用。

（3）在页面的适当位置添加“检测用户名”超链接。在该超链接的 onclick 事件中调用 checkName() 方法，弹出显示检测结果的对话框。关键代码如下：

```
<a href="#" onClick="checkName();">[检测用户名]</a>
```

（4）编写检测用户名是否唯一的 PHP 处理页 checkname.php。在该页面中使用 PHP 的 echo 语句输出检测结果。完整代码如下：

```
<?php
    header('Content-type: text/html;charset=utf-8');
                                    //指定发送数据的编码格式为 UTF-8
    $link=mysqli_connect("localhost","root","123456");
    mysqli_select_db($link,"mydatabase");
    $username=$_GET["username"];
    $sql=mysqli_query($link,"select * from tb_admin where
username='".$username."'");
    $info=mysqli_fetch_array($sql);
    if ($info){
        echo "很抱歉!用户名[".$username."]已经被注册!";
```

```
    }else{
        echo "祝贺您!用户名 [".$username."] 没有被注册!";
    }
?>
```

此时，运行以上程序，打开的网页如图 8-6 所示。在"用户名"文本框中输入 test，单击"检测用户名"超链接，即可在不刷新页面的情况下弹出"祝贺您!用户名 [test] 没有被注册!"提示对话框，如图 8-7 所示。

图 8-6　用户注册网页　　　　　　图 8-7　"用户名没有被注册"提示对话框

例如，输入一个数据库中存在的用户名 bob，弹出"很抱歉!用户名 [bob] 已经被注册!"提示对话框，如图 8-8 所示。

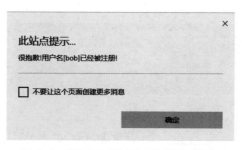

图 8-8　"用户名已被注册"提示对话框

知识拓展

使用浏览器的开发者工具查看 AJAX 相关信息

AJAX 的所有调用是隐式的，给调试带来很多障碍。下面以前面编写的 8-4.html 程序为例，介绍通过浏览器的开发者工具查看 AJAX 发起的请求，以及提交的数据、获得的响应等。这里访问 8-4.html 程序，然后在下拉列表中选择"广东"，输出对应的内容。此时，按下 F12 快捷键，打开 Chrome 浏览器的开发者工具。

在"网络"选项卡的"名称"部分，可以看到有两个网址。其中，第一个网址为 HTML 网页，第二个网址为 AJAX 发起的请求。选择第二个网址，并单击"载荷"标签，即可看到 AJAX 提交的数据，如图 8-9 所示。

图 8-9　AJAX 提交的数据

从第二个网址 8-4.php?prov=gd 可以看到，**AJAX 发起的请求为 8-4.php**。请求的参数为 prov，值为 gd。单击"**响应**"标签，即可看到 AJAX 响应的内容，如图 8-10 所示。

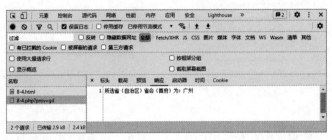

图 8-10　AJAX 响应的内容

本章习题

一、填空题

（1）AJAX 全称为 _____（异步 JavaScript 和 XML）。

（2）关于 AJAX 的工作原理，用一句话概括就是：_____。

（3）AJAX 所实现的提交表单的办法和传统的方法使用的是相同的技术，不同之处是 _____。

二、选择题

（1）下面（　　）属于 AJAX 使用的技术。

A. JavaScript　　　　　　B. XMLHttpRequest　　　C. XML　　　　　　　　D. CSS

（2）在 AJAX 技术中，最核心的技术是（　　）。

A. JavaScript　　　　　　B. XMLHttpRequest　　　C. XML　　　　　　　　D. CSS

三、判断题

（1）AJAX 是几项技术按一定的方式组合在一起，在共同的协作中发挥各自的作用。（　　）

（2）使用 AJAX 技术可以实现不刷新页面就可以更新页面。　　　　　　　　　　（　　）

四、操作题

（1）参考 8.2 节的内容，编写完整的实例，实现使用 AJAX 技术从数据库中读取数据。

（2）使用 AJAX 技术检测注册的用户名是否存在。

第 9 章

PHP 与 MVC

MVC 是一种源远流长的软件设计模式，早在 20 世纪 70 年代就已经出现了基于 MVC 的开发模式。随着 Web 应用开发的广泛展开，也因为 Web 应用需求复杂度的提高，MVC 这一设计模式也渐渐被 Web 应用开发所采用。

随着 Web 应用的快速增加，MVC 模式对于 Web 应用的开发无疑是一种非常先进的设计思想。无论选择哪种语言，也无论应用多复杂，它都能为构造产品提供清晰的设计框架。MVC 模式会使得 Web 应用更加强壮，更加有弹性，也更加个性化。本章将介绍 PHP 与 MVC 开发模式。

PHP 与 MVC

1. 什么是MVC开发模型

MVC模型是开发大型Web应用时可以采用的程序架构。MVC是Model_View_Control的缩写，简单地讲，Model即程序的数据或数据模型，View是程序视图界面，Control是程序的流程控制处理部分。

Model_View_Control是软件设计的典型结构。如今这一设计思想也开始在Web开发中实践并流行起来。在这种设计结构下，一个应用被分为三个部分，分别为model、view和controller，每个部分负责不同的功能。model是指应用程序的数据，以及对这些数据的操作；view是指用户界面；controller负责用户界面和程序数据之间的同步，也就是完成两个方向的动作。这个两个动作如下文描述。

（1）根据用户界面（view）的操作完成对程序数据（model）的更新。

（2）将程序数据（model）的改变及时反映到用户界面（view）上。

PHP中的MVC架构可以用图9-1来描述。

使用MVC架构Web应用程序，可以使程序结构更加清晰，代码稳定性增强。在MVC机制下，应用被清晰地分为model、view和controller三个部分，这三个部分分别依次对应了业务逻辑和数据、用户界面、用户请求处理和数据同步。这种模块功能的划分有利于在代码修改过程中选取重点，而不是把具有不同功能的代码混杂在一起造成混乱。随着开发规模的扩大，这种架构将有利于提高开发效率、控制开发进度。

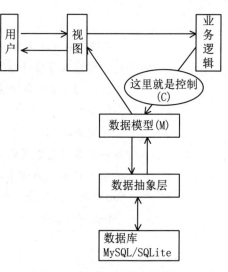

图 9-1　PHP中的MVC架构

2. MVC模型的组成

MVC是一个设计模式，它使Web应用程序的输入、处理和输出分开进行。MVC Web应用程序被分成三个核心部件，分别为模型（Model——M）、视图（View——V）、控制器（Controller——C）。一个好的MVC设计，不仅可以使模型、视图、控制器高效完成各自的任务处理，而且可以让它们完美地结合起来，完成整个Web应用。下面分别详细介绍MVC模型的三个核心部件。

（1）控制器（Controller）。控制器负责协调整个应用程序的运转。简单来说，控制器的作用就是接受浏览器端的请求，它接受用户的输入并调用模型和视图去完成用户的需求。当用户点击Web页面中的超链接或发送HTML表单时，控制器本身不输出任何东西，它只是接收请求并决定调用哪个模型构件去处理浏览器端发出的请求，然后确定用哪个视图来显示模型处理返回的数据。

（2）数据模型（Model）。通常，Web应用的业务流程处理过程对其他层来说是不可见的。也就是说，模型接受视图请求的数据，并返回最终的处理结果。

数据模型的设计可以说是MVC最主要的核心。一个开发者，需要专注于Web应用的业务模型的设计。MVC设计模式把应用的模型按一定的规则抽取出来，抽取的层次很重要，抽象与具体既不能隔得太远，也不能隔得太近。MVC并没有提供模型的设计方法，只是用来组织管理这些模型，以便模型的重构和提高重用性。需要先面向对象编程来做，将MVC定义了一个顶级类，再告诉它的子类有哪些是可以做的。这点对开发人员来说非常重要。

既然是数据模型，那么它就携带着数据。但数据模型又不仅仅是数据，它还负责执行那些操作这些数据的业务规则。通常会将业务规则的实现放进模型，以保证Web应用的其他部分不会产生非法数据。这意味着，模型不仅仅是数据的容器，还是数据的监控者。

（3）视图（View）。从用户角度来说，视图就是用户看到的HTML页面。从程序角度来说，视图负责生成用户界面，通常根据数据模型中的数据转化成HTML输出给用户。视图可以允许用户以多种方式输入数据，但数据本身并不由视图来处理，视图只是用来显示数据。在实际应用中，可能会有多个视图访问同一个数据模型。例如，"用户"这一数据模型中，就有一个视图显示用户信息列表，还有管理员使用用于查看、删除用户的视图。这两个视图同时访问"用户"这一数据模型。

很多Web开发都会使用模板来生成用户最终看到的HTML页面。关于模板的有关知识，将在9.1节介绍。

9.1 PHP开发中的模板技术

在基于MVC模型的Web应用开发中，模板是不可或缺的。模板定义了一个并不完全的类HTML文件，它为用户视图提供了最基本内容的框架，一些重要的数据需要在程序中添加到模板中，从而形成完整的用户视图。本节将先向读者介绍模板的基本概念和其在PHP程序中的用法，然后介绍一个优秀的模板引擎——Smarty。

什么是模板

模板是一组插入了HTML的PHP脚本，或者说是插入了PHP脚本的HTML，通过这种插入的内容来表示变化的数据。例如，下面的代码就是一个简单模板文件的例子。

```
1    <html>
2        <head>
3            <title>{pagetitle}</title>
```

```
4        </head>
5        <body>
6            {greetings}
7        <body>
8    </html>
```

以上代码表示当用户浏览时，由 PHP 程序文件打开该模板文件。然后，将模板文件中定义的变量进行替换，动态生成内容，从而向用户显示一个完整的 HTML 页面。本例中的模板变量就是 {greetings} 和 {pagetitle}。这两个变量是在 PHP 程序使用该模板时，根据具体的内容来替换。下一小节将会讲解处理该模板文件的具体解决办法。

(9.1.2) 在 PHP 程序中使用模板

这一节通过一个具体实例来演示如何在 PHP 程序中使用模板文件。首先，需要定义一个模板文件，这里就使用 9.1.1 小节中的示例代码，将其按文件名 9-1.html 保存。接下来编写 PHP 文件，用来处理模板。

实例 9-1   使用代码演示在 PHP 程序中使用模板，其代码保存在 9-1.php 中。

```php
1    <?php
2    $template_file = "9-1.html";              //模板文件
3
4    $fs = fopen($template_file,"r");          //打开文件
5    $content = fread($fs, filesize($template_file));
                                              //读取文件内容
6    fclose($fs);                              //关闭文件
7
8    $content = print_page($content,"pagetitle","模板应用");
9    $page = print_page($content,"greetings","你好，这个页面由模板生
成");
10   echo $page;
11
12   function print_page($temp_c,$temp_v,$str_c)
13   {
14       return preg_replace("#{".$temp_v."}#",$str_c,$temp_c);
15   }
16   ?>
```

使用代码在程序中打开一个模板文件，读出模板文件的内容。然后，定义一个函数用来处理模板中的模板变量，如代码第 12~15 行所示。print_page() 函数非常简单，只有一行代码，这行代码通过正则表达式中的替换函数将模板变量替换为程序中的实际数据。通过浏览器访问 9-1.php，执行效果如下所示：

你好，这个页面由模板生成

从显示结果可以看到，实际数据成功地替换了模板中的变量。虽然这个在 PHP 程序中使用

模板变量的示例程序很小，但却体现了模板在 PHP 程序中的处理思想。当然，实际的模板引擎要比这个复杂得多，也更能满足实际需要。下一小节将会为读者介绍一个被 PHP 官方推荐使用的模板引擎，并通过一些实例讲解模板引擎的使用。

9.1.3 Smarty 模板引擎介绍

对 PHP 来说，有很多模板引擎可供选择，如最早的 PHPLIB template 和后起之秀 Fast template。经过数次升级，模板引擎已经相当成熟稳定。本小节要介绍的是一款易于使用且功能强大的 PHP 模板引擎——Smarty。它分开了逻辑程序和外在内容，提供了一种 Web 页面易于管理的方法。

Smarty 显著特点之一是"模板编译"，这意味着 Smarty 读取模板文件，然后用它们创建 PHP 脚本。这些脚本创建以后将被执行，而不是去解析模板文件的语法。可以通过 Smarty 的官方网站获取 Smarty 模板引擎，官方网站的网址是 http://www.smarty.net/。下面关于 Smarty 的介绍将以稳定的 4.1.0 版本为准。

下载 Smarty 安装包后，解压缩 Smarty 包到合适的位置。其中，这里将解压在 D 盘，并重命名文件夹为 smarty。在 Smarty 的 libs 模板文件目录中，Smarty.class.php 是整个 Smarty 模板的核心类。通常，需要在 Web 应用程序目录下建立如下所示的目录结构。

（1）appdir/smarty/libs：此目录对应压缩包下的 libs 目录，存放 smarty 需要的类文件。

（2）appdir/smarty/templates_c：此目录存放模板文件，程序用到的模板文件都放在这里。

（3）appdir/smarty/templates：存放模板属性文件。

（4）appdir/smarty/configs：存放相关配置文件。

9.1.4 Smarty 模板引擎的使用

下面通过一个实例程序介绍 Smarty 模板引擎在 PHP 程序中的使用。首先定义一个简单模板文件，命名为 9-2.tpl，并保存在当前目录下的 template 子目录下。tpl 是 Smarty 模板文件使用的后缀名。

实例 9-2 下面定义一个简单的 Smarty 模板文件 9-2.tpl。代码如下所示：

```
1    {* 这里是Smarty模板的注释 *}
2    <html>
3    <head>
4    <title>{$page_title}</title>
5    </head>
6
7    <body>
8    大家好，我是{$name}模板引擎，欢迎大家在PHP程序中使用{$name}。
9    </body>
10.
11   </html>
12   {* 模板文件结束 *}
```

以上代码中，{* 与 *}之间的部分是模板页的注释，它在 Smarty 对模板进行解析时不进行任何处理，仅起说明作用。{$name}是模板变量，它是Smarty中的核心组成，用左边界符"{"与右边界符"}"包含着、以PHP变量形式给出。接下来，创建显示模板的PHP程序。

实例 9-3 下面创建显示模板的PHP程序，保存在9-2.php。代码如下所示：

```php
1   <?php
2   include("./smarty/libs/Smarty.class.php"); //包含smarty类文件
3
4   $smarty = new Smarty();              //建立Smarty类的实例$smarty
5   $smarty->template_dir = "./templates";  //设置模板目录
6   $smarty->compile_dir = "./templates_c"; //设置编译目录
7
8   $smarty->left_delimiter = "{";
                        //设定左右边界符为{}，Smarty推荐使用的是<{}>
9   $smarty->right_delimiter = "}";
10
11  $smarty->assign("name", "Smarty");        //进行模板变量替换
12  $smarty->assign("page_title", "Smarty的使用");
                                        //进行模板变量替换
13
14  $smarty->display("9-2.tpl");
                    //编译并显示位于./templates下的9-2.tpl模板
15  ?>
```

以上代码第2行，将Smarty类的类文件Smarty.class.php包含到当前文件中。代码第4行生成Smarty类的实例$smarty，它代表了一个Smarty模板。代码第5、6行分别设置模板文件所在目录及模板文件编译后存放目录。代码第8、9行设定了模板变量的界定符为"{"和"}"。代码第11、12行将模板变量替换为实际内容，最后在代码第14行显示用户最终看到的HTML视图。其中，以上代码执行结果为：

大家好，我是Smarty模板引擎，欢迎大家在PHP程序中使用Smarty。

此时，进入当前目录下的子目录template_c中，可以看到有一个由Smarty模板引擎生成的PHP文件。这个文件最终由Smarty模板引擎调用，向浏览器段输出。打开这个文件，可以看到如下所示的代码。

```html
<html>
<head>
<title><?php echo $this->_tpl_vars['page_title']; ?>
</title>
</head>

<body>
大家好，我是<?php echo $this->_tpl_vars['name']; ?>
模板引擎，欢迎大家在PHP程序中使用<?php echo $this->_tpl_
vars['name']; ?>。
```

```
</body>

</html>
```

从这段代码可以看到，9-2.tpl中的模板变量都被Smarty模板引擎换成了PHP普通的输出数据的用法，即为使用echo结构输出Smarty模板引擎获取的实际变量。从这个文件的内容，读者应该看到一点Smarty模板引擎处理模板的机制。

使用Smarty模板输出"Hello World"

任务描述

按照前面对Smarty模板的介绍，安装并调试好Smarty模板。然后，使用该模板输出"Hello World"。

任务实施

下面使用Smarty模板输出"Hello World"。

（1）在template目录中创建模板文件test.tpl。

```
<html>
<head>
<title>{$page_title}</title>
</head>
<body>
{$name}
</body>
</html>
```

（2）创建显示目标的PHP程序test.php。

```php
<?php
    include("./smarty/libs/Smarty.class.php");
    $smarty = new Smarty();
    $smarty->assign("name", "Hello World!");
    $smarty->display("test.tpl");
?>
```

访问test.php程序，显示结果为：

```
Hello World!
```

 9.2 常见的基于MVC的PHP开发框架简介

除了Smarty模板引擎，PHP社区还出现了大量其他的MVC开发框架，本节向读者介绍四种比较活跃的PHP开发框架，分别为CodeIgniter、CakePHP、Zend Framework和FleaPHP。这些框架都有各自的特点与不足，而且它们有各自的设计目标和设计理念，这决定了它们有其适应的范围。实际开发中，用户应该根据具体需求和应用环境选择适合的开发框架。

9.2.1 CodeIgniter

CodeIgniter是一个小巧但功能强大的，由PHP编写的基于MVC的Web应用开发框架。它可以为PHP程序员建立功能完善的Web应用程序，是一个不错的MVC框架。而且，CodeIgniter还是经过Apache/BSD-style开源许可授权的免费框架。

CodeIgniter使用了模型（Model）、视图（View）、控制器（Controller）的方法，最小化了模板中的程序代码量。CodeIgniter生成的URL非常干净，而且对搜索引擎友好。不同于标准的"字符串查询"方法，CodeIgniter使用了基于段的（segment-based）URL表示法，如下所示。

```
www.mysite.com/aaa/bbb/123
```

这样的地址非常有利于搜索引擎搜索。除此之外，CodeIgniter拥有全面的开发类库，可以完成大多数Web应用的开发任务。例如，读取数据库、发送电子邮件、数据确认、保存session、对图片的操作等。同时，CodeIgniter提供了完善的扩展功能，可以有效帮助开发人员扩展更多的功能。更多的关于CodeIgniter框架的内容，可以访问其官方网站。网址是http://www.codeigniter.com，从这里也可以下载最新版本和稳定版本的CodeIgniter。

9.2.2 CakePHP

第二个要介绍的PHP开发框架是CakePHP。CakePHP封装了数据库访问逻辑，对于小应用来说可以获得令人惊叹的开发效率。CakePHP比较有特色的地方是命令行代码生成工具让开发者可以快速生成应用程序框架。如果读者了解Ruby on Rails，在使用CakePHP构建Web应用之后，会发现CakePHP几乎就是Rails在PHP上的翻版。CakePHP也是完全基于MVC架构的Web开发框架，它有以下一些特点。

（1）数据库交互和简单查询的集成。

（2）MVC体系结构。

（3）自定义的URL的请求分配器（Request Dispatcher）。

（4）内置验证机制。

（5）快速灵活的模板。

（6）支持AJAX。

（7）灵活的视图缓存。

（8）可在任何Web站点的子目录里工作，不需要改变Apache配置。

（9）命令行生成Web站点框架。

（10）CakePHP 4支持运行了PHP 8.1，最低支持PHP 7.2。

CakePHP也有一些不足，就是Model实现过于复杂。CakePHP中的Model不但尝试封装行数据集，甚至连数据库访问也包含在内。随着应用开发的展开，Model类的高度复杂性和几乎无法测试的特性，使得项目的重构变得困难重重，大大降低了开发效率和应用的可维护性。读者可以通过 CakePHP 的官方网站 http://www.cakephp.org/ 了解关于这个框架更多的内容，从其官方网站上也可以下载最新版本和稳定版本的 CakePHP。

9.2.3 Zend Framework

Zend Framework 是完全基于 PHP 语言的针对 Web 应用开发的框架。与众多的其他 PHP 开发框架相比，Zend Framework 是一个 PHP "官方的"的框架，它由 Zend 公司负责开发和维护。Zend Framework 同样基于 MVC 模式，采用了 ORM 思路。所谓 ORM 思路，即对象关系映射（Object Relational Mapping），这是一种为了解决面向对象编程与关系数据库存在的互不匹配现象的技术。简单地说，这种技术将数据库中的一个表映射为程序中的一个对象，表中的字段映射为对象的属性，然后通过提供的方法完成对数据库的操作。就这一点而言，Zend Framework 类似于现在流行的非 PHP 的开发框架 Ruby on Rails。另外，上一小节介绍的 CakePHP 也实现了这种技术。

Zend Framework 的另一个特点是，它实现了 Front Controller 模式。也就是说，所有的 HTTP 请求都会转发到同一个入口，然后再由路由功能模块转到相应的 Controller。Zend Framework 和其他几款 PHP 开发框架相比，比较庞大。除了最基本的 MVC 模型以外，Zend Framework 还提供了一系列高级功能，下面是这些功能的一部分。

（1）Zend_Acl 实现了非常灵活的权限控制机制。

（2）Zend_Cache 提供了一种通用的缓存方式，可以将任何数据缓存到文件系统、数据库、内存。

（3）Zend_Log 提供通用的 log 解决方案，支持格式化的 log 信息。

（4）Zend_Json 封装了数据在 PHP 和 JSON 格式之间的转换操作。

（5）Zend_Feed 封装了对 RSS 和 ATOM 的操作。

这里非常简单地向读者介绍了 Zend Framework，读者可以通过 Zend Framework 的官方网站 http://framework.zend.com/ 获取更多的信息，也可从官方网站获取最新版本的 Zend Framework。

9.2.4 FleaPHP

FleaPHP 是一款优秀的国产 Web 开发框架。FleaPHP 致力于减少开发者创建 Web 应用程序的工作量，并降低开发难度和强度，提高开发效率。

FleaPHP 除了 MVC 模式实现、分发调度器、模板引擎等常见功能外，还有以下一些重要特点：

（1）简单、容易理解的 MVC 模型。

（2）易于使用、高度自动化的数据库操作。

（3）尽可能少的配置。

（4）自动化的数据验证和转义。

（5）丰富的组件。

（6）与 Smarty 模板集成。

读者可以通过 FleaPHP 的官方网站 http://www.fleaphp.org/，获取完整的关于该框架的知识和内容，也可以从官方网站上下载最新版本和稳定版本的 FleaPHP。

CodeIgniter框架应用

从上节介绍的4个框架中，本书选择CodeIgniter作为讲解实例。通过前面的学习，大家知道CodeIgniter是一个为用PHP编写Web应用程序的人员提供的工具包。它的目标是实现比从零开始编写代码更快速地开发项目。所以，CodeIgniter提供了一套丰富的类库来满足通常的任务需求，并且提供了一个简单的接口和逻辑结构来调用这些库。CodeIgniter可以将需要完成的任务代码量最小化，这样开发人员就可以把更多的精力放到项目的开发上。另外，CodeIgniter提供了非常完善的文档，读者通过这些文档可以快速学习、理解CodeIgniter，并且可以在开发中高效使用CodeIgniter框架。

9.3.1 CodeIgniter 的技术特点

CodeIgniter在设计之初就有其明确的目标，这个目标就是在最小化、最轻量级的开发包中得到最大的执行效率、功能和灵活性。为了这个目标，CodeIgniter在开发过程的每一步都致力于基准测试、重构和简化工作，拒绝加入任何无助于目标的东西。从技术和架构角度来看，CodeIgniter按照下列目标创建。

（1）动态实例化：在CodeIgniter中，组件的导入和函数的执行只有在被要求的时候才进行，而不是在全局范围。

（2）松耦合：耦合是指一个系统的组件之间的相关程度。组件互相依赖越少，那么系统的重用性和灵活性就越好。CodeIgniter的目标就是构建一个非常松耦合的系统。

（3）组件单一性：单一是指组件有一个非常小的专注目标。在CodeIgniter里面，为了达到最大的用途，每个类和它的功能都是高度自治的。

CodeIgniter是基于模型、视图、控制器这一设计模式的，从前面的学习当中，读者了解到该模式将应用程序的逻辑层和表现层进行分离。在实践中，由于表现层从PHP脚本中分离了出来，所以它允许网页中只包含很少的PHP代码。

在CodeIgniter中，模型（Model）代表数据结构，包含读取、插入、更新数据库的这些功能。视图（View）通常是一个网页。但是在CodeIgniter中，一个视图也可以是一个页面片段，如头部、顶部HTML代码片段。它还可以是一个RSS页面，或其他任一页面。控制器（Controller）相当于一个指挥者，或者说是一个"中介"，它负责联系视图和模型，以及其他任何处理HTTP请求和产生网页的资源。

9.3.2 安装CodeIgniter

CodeIgniter框架的下载地址为https://codeigniter.org.cn/download。该框架有三个版本，分别为稳定版（CodeIgniter 3）、开发版（CodeIgniter 4）和旧版（CodeIgniter 2）。其中，CodeIgniter 4.1.8是最新的框架版本（4.1.3为正式版），支持PHP 7.2及以上版本；CodeIgniter 3.1.11是框架的稳定版，支持PHP 5.6及以上版本；CodeIgniter 2.2.6是停止开发的旧版本。这里下载及安装CodeIgniter框架的最新版本。

实例 9-4 安装CodeIgniter 4框架。操作步骤如下文描述。

（1）解压 CodeIgniter 4 安装包到 Web 服务器的根目录，并重命名为 codeigniter。

（2）进入 codeigniter\public 目录中，剪切 index.php 和 .htaccess 文件到 codeigniter 目录中。

（3）打开 index.php 文件，修改 Paths.php 文件的路径。

```
$pathsConfig = FCPATH . 'app/Config/Paths.php';
```

（4）进入 codeigniter\app\Config 目录，打开 App.php 文件，设置基本 URL。这里的 URL 就是 CodeIgniter 程序的位置，如下所示：

```
public $baseURL = 'http://localhost/codeigniter/';
```

（5）设置数据库参数。进入 codeigniter\app\Config 目录，打开 Database.php 文件，设置以下参数值。

```
public $default = [
        'hostname' => 'localhost',      //数据库服务器主机名
        'username' => 'root',           //连接数据库服务的用户名
        'password' => '123456',         //连接数据库服务的用户密码
        'database' => 'mydatabase',     //连接的数据库名
        'port'     => 3306,             //MySQL数据库服务监听的端口
    ];
```

如果不使用数据库的话，可以不配置该文件。至此，CodeIgniter 框架就安装完成了。

如果在 PHP 中使用 CodeIgniter 框架，还需要启用 PHP 中的一些扩展。在 PHP 的配置文件 php.ini 中，找到以下配置项，删除注释符（;）即可。

```
extension=curl
extension=intl
extension=mbstring
```

接下来，重新启动 Web 服务器，使配置生效。此时，在浏览器中访问 http://localhost/codeigniter/，看到如图 9-2 所示的欢迎信息，则说明 CodeIgniter 框架安装成功。

图 9-2　CodeIgniter 框架欢迎信息

9.3.3 CodeIgniter 的 Controller（控制器）

在 CodeIgniter 中，一个 Controller 就是一个类文件。Controller 所属的类和普通的 PHP 类几乎没有区别，唯一有特点的是 Controller 类的命名方式，它所采用的命名方式可以使该类和 URI 关

联起来。例如，下面这个URL地址就说明了这个问题。

```
www.mysite.com/index.php/news/
```

当访问到上面这个地址时，CodeIgniter会尝试找一个名叫news.php的控制器（Controller），然后加载它。当一个Controller的名字匹配URI段的第一部分，即news时，它就会被加载。

实例 9-5 使用代码演示创建一个简单的Controller类hello.php。

```php
<?php namespace App\Controllers;
    class Hello extends BaseController
    {
        function index()                    //方法index()
        {
            echo 'Hello World!';
        }
    }
?>
```

将hello.php程序保存到app\Controllers\目录中。此时，通过浏览器访问地址http://localhost/codeigniter/index.php/hello，即可输出"Hello World!"。

```
Hello World!
```

在以上实例中定义了一个Hello，它继承于Controller类。Controller类是CodeIgniter控制器基类，所有的控制器都将从这个类派生。这个例子中用到的方法名是index()。如果URI的第二部分为空，会默认载入"index"方法。这也就是说，也可以将地址写成http://localhost/codeigniter/index.php/hello/index来访问hello.php。由此可知，URI的第二部分决定调用控制器中哪个方法。

实例 9-6 使用代码演示Controller添加方法。此时hello.php代码如下所示。

```php
1  <?php namespace App\Controllers;
2  class Hello extends BaseController
3  {
4      function index()                    //方法index()
5      {
6          echo 'Hello World!';
7      }
8      function saylucky()                 //添加方法saylucky()
9      {
10          echo 'It\'is time to say "Good Luck"!';
11      }
12 }
13 ?>
```

在以上代码中，第8~11行添加了一个方法saylucky()。此时，通过地址http://localhost/codeigniter/index.php/hello/saylucky访问hello.php程序，显示结果为：

```
It is time to say "Good Luck"!
```

如果URI超过两个部分，那么超过的部分将被作为参数传递给相关方法。例如，地址www.mysite.com/index.php/products/shoes/sandals/123，URI中的sandals和123将被当作参数传递给products类的方法shoes。下面通过实例来演示这种方法。

实例9-7　下面仍然以hello.php为例，演示向Controller的方法传递参数。完整代码如下所示：

```
1 <?php namespace App\Controllers;
2   class Hello extends BaseController
3   {
4       function index()                        //方法index()
5       {
6           echo 'Hello World!';
7       }
8       function saylucky()                     //添加方法saylucky()
9       {
10          echo 'It is time to say "Good Luck"!';
11      }
12      function sayhello($name)                //添加带参数的方法
sayhello()
13      {
14          echo "Hello,$name!";
15      }
16 }
17?>
```

以上代码中，第12~15行创建的sayhello()方法带一个参数，假设为方法sayhello()传递参数"michael"。此时，通过地址http://localhost/codeigniter/index.php/hello/sayhello/michael访问hello.php，显示结果为：

```
Hello,michael!
```

9.3.4 CodeIgniter的Model（数据模型）

在CodeIgniter中，Model是专门用来和数据库打交道的PHP类。通常在Model类里包含插入、更新、删除数据的方法。CodeIgniter中的Model类文件存放在app\Models目录，可以在里面建立子目录。最基本的Model定义如下面的代码所示。

```
<?php
namespace App\Models;
use App\Entities\User;
use CodeIgniter\Model;
class Model_name extends Model {
    protected $table = 'users';
```

```
protected $returnType = User::class;
protected $allowedFields = ['id', 'name'];
}
```

其中Model_name是模型类的名字，并且确保自定义的Model类继承了基本Model类。

实例 9-8　使用Model类实现向数据库插入数据。操作步骤如下文描述。

（1）使用CRUD方法［insert()、update()、delete()］创建一个名为UserModel的模型类，用来创建一个新用户、更新用户数据、删除用户和获取用户数据。在app\Modeles\目录中，创建Model类程序UserModel.php的代码如下所示：

```php
<?php
namespace App\Models;
use CodeIgniter\Model;
class UserModel extends Model
{
    protected $table = 'tb_admin';         //连接的数据库表
    // 其他成员变量
    protected $db;
    public function __construct()
    {
        parent::__construct();
        $this->db = \Config\Database::connect();
    }
    public function insert_data($data = array())  //插入数据
    {
        $this->db->table($this->table)->insert($data);
        return $this->db->insertID();
    }
    public function update_data($id, $data = array()) //更新数据
    {
        $this->db->table($this->table)->update($data, array(
            "id" => $id,
        ));
        return $this->db->affectedRows();
    }
    public function delete_data($id)                    //删除数据
    {
        return $this->db->table($this->table)->delete(array(
            "id" => $id,
        ));
    }
    public function get_all_data()                      //获取所有数据
    {
        $query = $this->db->query('select * from ' . $this->table);
```

```
        return $query->getResult();
    }
}
```

（2）在app\Controllers\中创建程序 user.php，用来调用Model类。其代码如下所示：

```php
<?php
namespace App\Controllers;
use App\Controllers\BaseController;
use App\Models\UserModel;
class User extends BaseController
{
    public function index()
    {
        $userModel = new UserModel();
        //添加数据
        $userId = $userModel->insert_data(array(
            "username" => "mary",
            "password" => "www.123",
            "email" => " mary@gmail.com",
            "city" => "Shanghai",
        ));
    }
}
?>
```

（3）在浏览器中，访问地址 localhost/codeigniter/index.php/user，即可向数据库表 tb_admin 中插入一条数据。此时，使用SQL语句查询数据表 tb_admin，可以看到添加的数据条目，代码如下所示：

```
mysql> select * from tb_admin;
+-----+----------+----------+---------------------+----------+
| id  | username | password | email               | city     |
+-----+----------+----------+---------------------+----------+
| 1   | bob      | 123456   | bob@163.com         | Beijing  |
| 2   | zhangsan | 654321   | zhangsan@163.com    | Shanghai |
| 3   | lisi     | secret   | lisi@163.com        | Guangzhou|
| 4   | alice    | password | alice@163.com       | Beijing  |
| 5   | xiaoqi   | testpass | xiaoqi@163.com      | Shanghai |
| 6   | xiaohong | 123456   | xiaohong@163.com    | Guangzhou|
| 7   | wangwu   | abcdef   | wangwu@163.com      | Beijing  |
| 8   | mary     | www.123  | mary@gmail.com      | Shanghai |
+-----+----------+----------+---------------------+----------+
8 rows in set (0.00 sec)
```

9.3.5 CodeIgniter 的 View（视图）

在 CodeIgniter 中，视图从不直接调用，必须被一个控制器来调用。下面将介绍 CodeIgniter 的视图创建方法。

实例 9-9　使用文本编辑器创建一个名为 helloview.php 的视图文件，并保存到 app\Views 目录。代码如下所示：

```html
<html>
    <head>
    <title>Welcome - helloview.php</title>
    </head>
    <body>
    <h1>Hello everyone!</h1>
    </body>
</html>
```

以上是一段简单的 HTML 代码，将标题输出 "Hello everyone!" 一句话。

（1）使用 view() 方法载入视图文件。语法格式如下：

```
view('name');
```

在以上代码中，name 是需要载入的视图文件的名字，文件的后缀名不需要写出。接下来，在 hello 控制器的文件 hello.php 中，写入这段用来载入视图的代码。此时完整的 hello.php 代码如下所示。

```php
1 <?php
2 namespace App\Controllers;
3 class Hello extends BaseController
4 {
5    function index()                //方法index()
6    {
7        echo view('helloview');
8    }
9
10   function saylucky()             //方法saylucky()
11   {
12       echo 'It\'s time to say "Good Luck"!';
13   }
14
15   function sayhello($name)        //带参数的sayhello()方法
16   {
17       echo "Hello, $name !";
18   }
19 }
20 ?>
```

上述代码创建了三个方法，其中第三个方式带了一个参数 $name。最重要的是第7行代码，载入前面创建好的 helloview 视图。

（2）此时，通过地址 http://localhost/codeigniter/index.php/hello 浏览 hello.php，显示结果为：

```
Hello everyone!
```

通过以上实例，读者了解了如何载入一个视图。但视图中经常需要动态数据的内容，下面将介绍如何处理含有动态数据的视图。动态数据通过控制器以一个数组或是对象的形式传入视图，这个数组或对象作为视图载入方法的第2个参数。

实例 9-10　使用代码演示向视图中添加动态数据。这里将通过修改前面创建的视图文件 helloview.php 和控制器文件，来调用含有动态数据的视图。

（1）修改 helloview.php 文件，在其中添加输出数据的 PHP 代码。然后，保存该文件名为 helloview1.php。

```
1  <html>
2  <head>
3  <title><?php echo $title; ?></title>
4  </head>
5  <body>
6  <h1><?php echo $heading; ?></h1>
7  </body>
8  </html>
```

以上代码中，第3行和第6行是输出数据的 PHP 代码。

（2）修改 hello.php 文件，传入动态数据。修改后的代码如下所示：

```
1  <?php
2  namespace App\Controllers;
3  class hello extends BaseController
4  {
5      function index()                    //方法index()
6      {
7          $data['title'] = "New Title - Hello.php";
8        $data['heading'] = "大家好，欢迎使用CodeIgniter框架! ";
9          echo view('helloview1',$data);
10     }
11     function saylucky()                 //添加方法saylucky()
12     {
13         echo 'It\'is time to say "Good Luck"!';
14     }
15     function sayhello($name)            //添加带参数的方法syahello()
16     {
17         echo "Hello,$name!";
18     }
19 }
```

```
20 ?>
```

以上代码中，第7、8行定义了数组 $data 的两个元素。这两个元素分别是页面的标题和页面的文本内容。代码第9行向载入视图的方法 view() 传入第2个参数，该参数即代码前两行定义的数组。此时，再次访问 hello.php 程序，执行结果为：

大家好，欢迎使用 CodeIgniter 框架！

 任务 9-2

使用 CodeIgniter 框架删除数据

任务描述

下面将使用前面创建的模型类 UserModel.php 来删除添加的数据。其中，CodeIgniter 框架中删除数据的函数为 delete()。语法格式如下：

```
$userModel->delete(键值);
```

在 delete() 函数中，可以将主键数组作为第1个参数传入，实现一次删除多条记录。格式如下：

```
$userModel->delete([1,2,3]);
```

任务实施

下面使用 CodeIgniter 框架删除在前面向数据库表 tb_admin 中添加的记录。其中，添加的记录 id 编号为8。此时，修改 user.php 程序后的代码如下所示：

```php
<?php
namespace App\Controllers;
use App\Controllers\BaseController;
use App\Models\UserModel;
class User extends BaseController
{
    public function index()
    {
        $userModel = new UserModel();
        // 删除记录
        $userId = $userModel->delete(8);
    }
}
?>
```

运行以上程序后，再次查看数据表 tb_admin，可以看到成功删除 id 为8的数据记录。

知识拓展

使用浏览器开发者工具查看MVC模板中的变量的实际内容

当用户在PHP开发中使用MVC模板技术时，在网页中直接显示了结果。此时，用户可以使用浏览器的开发者工具，进行调试查看替换的变量实际内容。下面以Smarty模板引擎编写的程序 9-2.php 为例，介绍其调试方法。

打开 Chrome 浏览器，按下 F12 快捷键启动开发者工具。然后，在浏览器的地址栏中访问9-2.php 程序，在开发者工具界面即可看到该程序请求的网址信息。单击"响应"标签，即可看到 MVC 模板替换变量的实际内容，如图 9-2 所示。从该界面可以看到，{$page_title}变量的值为"Smarty的使用"；{$name}变量的值为"Smarty"。

图 9-2　MVC模板中替换变量的实际内容

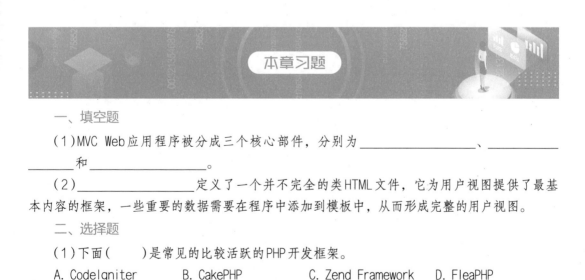

本章习题

一、填空题

（1）MVC Web应用程序被分成三个核心部件，分别为＿＿＿＿＿＿＿＿＿、＿＿＿＿＿＿＿＿＿和＿＿＿＿＿＿＿＿＿。

（2）＿＿＿＿＿＿＿＿＿定义了一个并不完全的类HTML文件，它为用户视图提供了最基本内容的框架，一些重要的数据需要在程序中添加到模板中，从而形成完整的用户视图。

二、选择题

（1）下面（　　）是常见的比较活跃的PHP开发框架。

A. Codelgniter　　　　B. CakePHP　　　　C. Zend Framework　　D. FleaPHP

（2）下面（　　）是Smarty模板文件的后缀。

A. txt   B. php   C. tpl   D. pdf

三、判断题

模板是一组插入了 HTML 的 PHP 脚本，或者说是插入了 PHP 脚本的 HTML，通过这种插入的内容来表示变化的数据。   （   ）

四、操作题

（1）使用 Smarty 模板输出一句简单的"Hello World"。

（2）使用 CodeIgniter 框架输出一句话简单的"Hello World"。

第 10 章

WordPress 模板使用

现在的网站很少有从零开始构建的。开发者往往先选择一个成熟的网站模板，然后进行定制。最后，加入自己的内容，就投入使用。本章将讲解如何使用WordPress模板搭建网站。

使用WordPress
模板

知识入门

1. 什么是WordPress

WordPress是基于PHP和MySQL的免费开源内容管理系统（CMS），始于2003年，最开始仅为一款简单的博客系统。但由于其功能强大，设计非常灵活，很快发展为网站框架，加上插件丰富、开发接口简易、官方文档非常完善、开源免费等优点，很多企业使用WordPress搭建网站。

2. WordPress架构

WordPress采用目前流行的PHP+MySQL架构。其中，PHP用于编写相应的操作代码、生成页面；MySQL数据库则用于保存用户发布和编辑的内容。WordPress具有良好的兼容性，可以运行在Windows或Linux上。常见的虚拟主机、VPS或服务器都能完美支持它，甚至在一些诸如NAS或树莓派那样的设备中都能轻松建立一个WordPress的网站。

3. WordPress体系构成

WordPress应用程序由两个部分构成，一个为前台，另一个为后台。所谓前台就是广大互联网用户访问利用WordPress应用程序搭建的个人博客系统时可以看到的内容，而所谓后台则是只有内容贡献者才可以查看到的部分。

前台的主要功能包括浏览和基于留言的用户交互。前台的表现形式多样，我们可以为前台部署极富个性化的主题。后台的主要功能则包括分类管理、博客管理、主题管理等，有着强大的管理功能，可以帮助网站运营者充分展示其想要与大家分享的内容。

4. WordPress的功能

Wordpress具有强大的扩展性，其提供的功能包括以下几个。

（1）进行文章发布、分类、归档、收藏、统计阅读次数。

（2）支持文章、评论、分类等多种形式的RSS输出。

（3）提供链接的添加、归类功能。

（4）支持评论的管理，防垃圾功能。

（5）支持对风格（CSS）和程序本身（PHP）的直接编辑、修改。

（6）在Blog系统外，方便添加所需页面。

（7）通过对各种参数进行设置，使你的Blog更具个性化。

（8）在某些插件的支持下生成静态HTML页面（需要mod_rewrite支持）。

（9）通过选择不同主题，方便改变页面的显示效果。

（10）通过添加插件，可提供多种特殊的功能。

（11）支持Trackback和pingback。

（12）支持针对某些其他blog软件、平台的导入功能。

（13）支持多用户共同创作。

5. WordPress 文件或目录结构

大部分用户不需要学习 WordPress 文件或目录的知识，也可以运营 WordPress 网站。但是，为了能够解决一些 WordPress 常见问题和便于进行二次开发，用户了解一下 WordPress 的文件或目录结构非常有用。在 WordPress 文件夹内，包括大量的 PHP 代码文件和三个文件夹，分别为 wp-admin、wp-content 和 wp-includes。每个文件夹及其含义如下所示。

（1）wp-admin 就是用户登录 WordPress 后看到的仪表盘界面，包括所有的后台文件。

（2）wp-content 包括插件、主题和用户上传的内容。其中，plugins 子文件夹包含了所有插件，每个插件都有一个自己的文件夹；theme 子文件夹保存了所有的主题，和插件一样，每个主题都有单独的文件夹；Uploads 子文件夹保存了用户上传的所有图片、视频和附件；languages 子文件夹是关于语言的。

（3）wp-includes 包括持有的所有文件和库，是必要的 WordPress 管理、编辑和 JavaScript 库、CSS 和图像文件。

在根目录下，有几个重要的配置文件。其含义如下所示。

（1）index.php：WordPress 核心索引文件，即博客输出文件。

（2）wp-activate.php：处理登录信息。

（3）wp-blog-header.php：根据博客参数定义博客页面显示内容。

（4）wp-config.php：将 WordPress 连接到 MySQL 数据库的配置文件。

（5）wp-login.php：定义注册用户的登录页面。

（6）wp-mail.php：用来获取通过邮件提交的博文。

（7）wp-settings.php：运行执行前的例行程序。

（8）wp-tracback.php：处理 trackback 请求。

（9）xmlrpc.php：处理 xmlrpc 请求。用户无需通过内置的网络管理界面就可发布文章。

10.1 安装 WordPress

如果要使用 WordPress 模板，则需要安装。本节将介绍获取及安装 WordPress 的方法。

10.1.1 获取 WordPress 安装包

WordPress 官网下载地址为：

```
https://cn.wordpress.org/download/releases/
```

成功访问以上地址后，将打开 WordPress 的下载界面，如图 10-1 所示。这里提供了两种格式的安装包，分别为 .zip 和 .tar.gz。如果服务器操作系统为 Windows，则下载 .zip 格式安装包；如果服务器操作系统为 Linux，则下载 .tar.gz 格式安装包。

图 10-1　WordPress 下载页面

10.1.2 安装 WordPress 软件包

WordPress 的安装非常简单，用户只需要将压缩包进行解压，然后简单的配置即可完成安装。

（1）解压缩下载的 WordPress 安装包，解压后的文件夹名为 wordpress。然后，将解压出的文件夹放在 Web 服务器的根目录。

```
http://127.0.0.1/wordpress
```

访问以上地址后，打开 WordPress 准备安装界面，如图 10-2 所示。

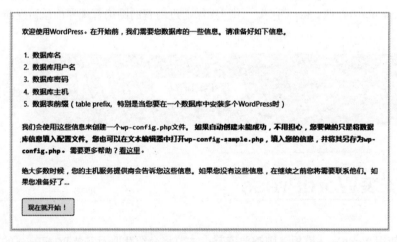

图 10-2　WordPress 准备安装界面

（2）该界面提示在安装 WordPress 之前，需要准备的信息，如数据库名、数据库用户名、数据库密码、数据库主机和数据表前缀。这里将以第 5 章创建的数据库 mydatabase 为例，连接到 MySQL 数据库服务器。单击"现在就开始"按钮，打开数据库连接信息界面，如图 10-3 所示。

图 10-3　数据库连接信息界面

（3）这里正确填写数据库连接信息。单击"提交"按钮，看到如图 10-4 所示的信息，则表示数据库连接成功。

图 10-4　数据库连接成功

（4）单击"运行安装程序"按钮，打开欢迎界面，如图 10-5 所示。在该界面配置博客信息，包括站点标题、用户名、密码和电子邮件。设置完成后，单击"安装 WordPress"按钮，显示如图 10-6 所示的界面，则说明 WordPress 安装完成。

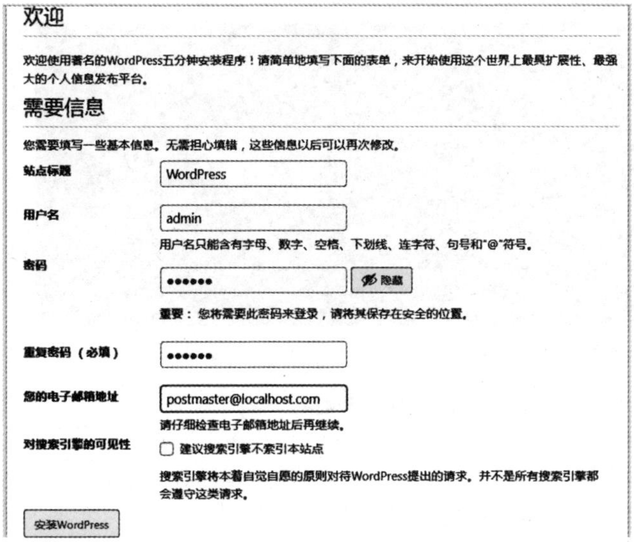

图 10-5　博客信息　　　　　　　　　　　图 10-6　WordPress 安装完成

（5）单击"登录"按钮，打开"登录"界面，如图 10-7 所示。输入前面设置的用户名和密码，单击"登录"按钮，进入 Wordpress 后台（仪表盘），如图 10-8 所示。

图 10-7　登录界面　　　　　　　　图 10-8　WordPress 后台

 基础操作

WordPress安装完成后，即可使用其设置自己的博客网站及发布文章等。本节介绍WordPress的基础操作。

10.2.1 WordPress前台

WordPress前台显示了个人博客系统的文章内容。WordPress默认的前台页面如图10-9所示。该界面显示了一个示例文章内容。

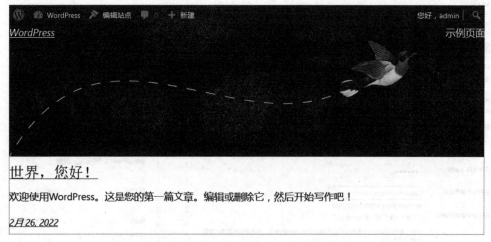

图 10-9　WordPress默认前台页面

10.2.2 WordPress后台控制面板

WordPress成功登录后，进入的"仪表盘"界面就是WordPress后台。如果用户退出了之前的登录，输入地址 http://127.0.0.1/wordpress/wp-login.php，即可登录WordPress后台。

在WordPress后台，单击右上角"显示选项"按钮，可以设置界面显示的内容，包括"站点健康状态""概览""动态""快速草稿""WordPress活动及新闻"和"欢迎"选项。如果不希望显示某项内容，去掉复选框中的对勾即可。单击"帮助"按钮，可以查看所有相关帮助文档。左边深色的区域是菜单栏，右侧浅色的区域是菜单栏各项对应的界面。为了使用户更轻松地使用WordPress，将介绍后台面板中的所有功能。

（1）更新：自动检测WordPress版本、插件版本和主题版本的更新信息。

（2）文章：管理用户发布的文章。在该界面，用户可以添加新文章、添加文字分类和标签。

（3）媒体：用来上传图片和文档。单击"添加新文件"按钮后，就可以将计算机中的图片或文档添加到多媒体库，其实就是保存在主机空间里。可以从媒体库里调取图片使用，显示在用户的网站上。

（4）页面：任意添加网站需要的页面，如关于我们、产品信息等。

（5）评论：管理访客的留言、评论。

（6）外观：用来设置WordPress的主题。WordPress默认安装了三个主题。如果不喜欢默认的主题，用户可以自己下载安装。

（7）插件：用来管理插件。用户可以查看已安装的插件或添加新插件。如果WordPress程序自身不能提供用户想要实现的功能，则可以通过安装插件来实现。

（8）用户：管理用户。用来查看已有的所有用户、添加用户或查看个人资料。

（9）工具：可以用来导入或导出站点数据。

（10）设置：网站的所有相关设置，包括"常规""撰写""阅读""讨论""媒体""固定链接"和"隐私"7个子菜单。每个子菜单含义如下所示。

①常规设置：修改网站标题、语言、站点信息、联系邮箱地址、多媒体文件设置等。

②撰写设置：默认的文章分类、文章形式、邮箱地址、登录名和密码等。

③阅读设置：主页显示的文章、显示的文章数、文章包含的内容等。

④讨论设置：默认文章设置、其他评论设置、发送邮件通知设置、评论审核等。

⑤媒体设置：缩略图片大小、中等大小、大尺寸、文件上传形式等。

⑥固定链接设置：固定链接是为了提高搜索引擎的效率。其中，支持的固定链接格式有"朴素""日期和名称型""月份和名称型""数字型""文章名"和"自定义结构"。一般不建议使用带有日期类型和文章名，建议使用朴素或数字型。

⑦隐私设置：设置使用的隐私政策页面。

(10.2.3) 添加分类

WordPress默认只有一个分类，名称为"未分类"。实际意思就是，创建的文章并没有归入适当的分类中。为了使用户更好地整理所有文章，可以通过添加分类对其进行归类。

实例 10-1 下面将在WordPress中添加分类。操作步骤如下文描述。

（1）进入WordPress的后台，在左侧栏中，单击"文章"/"分类"命令，打开分类界面。

（2）在分类面板中，左侧用来添加新分类，右侧显示了当前所有的分类列表。从该界面可以看到，默认只有一个名为"未分类"的类。在"添加新分类"部分，在名称和别名文本框中分别输出新分类的名称和别名，如图 10-10 所示。

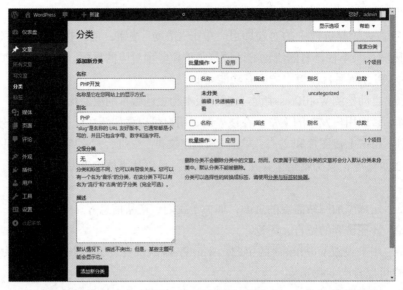

图 10-10　添加新分类

（3）单击"添加新分类"按钮，即可成功添加分类，如图 10-11 所示。从该界面可以看到，成功添加了名称为"PHP开发"的分类。用户将鼠标指针悬浮在添加的分类名称上，即可管理该分类。其中，可执行的操作有"编辑""快速编辑""删除"和"查看"。其中，默认创建的"未分类"可以编辑，但是不可以删除。

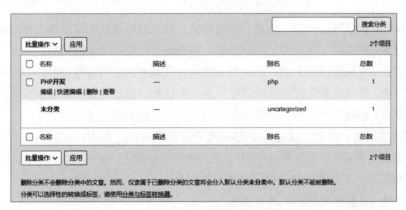

图 10-11　成功添加分类

提示：使用WordPress模板时，在一些浏览器中（如IE、Microsoft Edge），写文章、上传媒体时，访问到的页面显示空白。经笔者测试，在Chrome浏览器中使用不存在这些问题。

10.2.4　添加多媒体

WordPress支持添加多媒体项目，如图片、音频、视频、文档等。为了方便发布博客时直接从媒体库选择合适的项目，可以将需要的内容添加到媒体库。

实例 10-2　下面添加图片到媒体库。操作步骤如下文描述。

（1）在WordPress后台，依次单击"媒体"/"添加新文件"命令，打开"上传新媒体文件"界面。

（2）用户可以直接拖拽文件进行上传，也可以单击"选择文件"按钮上传。

（3）成功上传媒体后，在媒体库列表中即可看到添加的图片，如图10-12所示。

图 10-12 成功添加多媒体

（4）用户还可以对上传的图片进行编辑，以修改其尺寸。将鼠标指针悬浮在图片上，将显示三个可操作按钮，分别为"编辑""永久删除"和"查看"。单击"编辑"按钮，即可修改该图片大小、旋转方向、进行裁剪等。

10.2.5 发布一条博客

在WordPress后台的菜单栏中，依次单击"文章"/"写文章"命令，打开写文章界面。在该界面，用户既可以使用默认的模板发布博客，也可以通过添加区块在文章中添加其他内容，如表格、图片、音频等。另外，用户还可以对文章和区块进行设置。

1. 文章默认界面

在WordPress后台单击"写文章"命令后，打开界面如图10-13所示。此时，在"添加标题"区域中输入文章的标题，在区块部分输入文章内容。

图 10-13 写文章默认界面

2. 添加区块

区块可以添加不同类型的内容，如图片、音频等。在区块部分单击"添加区块"按钮■，滑动鼠标即可选择想要添加的区块。单击"浏览全部"按钮或切换区块"插入器"按钮■，可以查看所有的区块，包括文字、媒体、设计、小工具、主题和嵌入 6 类，如图10-14所示。添加表格区块，效果如图 10-15 所示。

图 10-14　所有区块　　　　　　　　　　图 10-15　添加表格区块

3. 编写与发布博客

下面使用默认的博客模板来编写博客内容。编写完博客内容后，还可以对该文章或区块进行设置。单击右上角设置按钮，将显示文章和区块设置面板。

在"文章"选项卡中，包括的选项有"状态与可见性""模板""固定链接""分类""标签""特色图片""摘要"和"讨论"。在区块选项卡中，包括的选项有"段落""颜色""排版""尺寸"和"高级"。例如，这里设置分类为前面添加的"PHP开发"。在"添加新标签"文本框中输入一些标签，如"PHP""PHP技术"和"PHP开发"，多个标签之间可以使用逗号或回车分隔。在"特殊图片"中可以加载本地或媒体库中的图片。然后，在区块中设置"文本"和"背景"颜色，如图 10-16 所示。最后，单击"发布"按钮，将弹出一个发布提示界面，如图 10-17 所示。

图 10-16　编写博客内容　　　　　　　　图 10-17　发布提示

WordPress默认每次发布文章，会进行检查。如果不希望每次检查，去掉"总是显示发布前检查"复选框。单击"发布"按钮，博客发布成功。此时，在文章列表中，用户可以看到发布的文章，如图 10-18 所示。

图 10-18 文章列表

将鼠标指针悬浮在发布的文章上，即可看到一些菜单选项，分别为"编辑""快速编辑""移至回收站"和"查看"。单击这些按钮，即可对文章进行对应的操作。例如，查看发布的文章，效果如图 10-19 所示。

图 10-19 成功发布了一条博客

> 提示：如果用户成功发布博客之后，会显示 404 错误。这是因为指向的链接不存在。此时，只需要在"设置"/"固定链接设置"/"常规设置"中选择"朴素"类型，即可解决该问题。

 10.3 编辑WordPress网站

如果用户不想要使用WordPress默认的主题、页面模板等，则可以修改或进行二次开发，定制自己的个人网站。本节将介绍如何编辑 WordPress 网站。

(10.3.1) 修改默认主题

通过简单地修改默认主题，可以快速实现二次开发。WordPress 默认安装了三个主题，分别为 twentytwenty、twentytwentyone 和 twentytwentytwo。其中，默认使用的主题为 twentytwentytwo。如果用户不想要使用默认的主题，则可以安装新的主题。用户可以在线安装，也可以直接上传下载好的主题。注意，如果上传下载好的主题，该主题文件的后缀必须是 .zip 格式。

实例 10-3 下面管理 WordPress 的主题。操作步骤如下文描述。

（1）在 WordPress 的后台管理界面，依次单击"外观"/"主题"命令，打开"主题"界面，如图 10-20 所示。从该界面可以看到默认安装的三个主题。

（2）单击"安装主题"或"添加新主题"按钮，将显示所有的在线主题。其中，用户可以按照分类进行显示，如热门、最新、最爱和特性筛选，或直接在搜索框中搜索主题。其中，特性筛选包括的过滤器有"主题""特色"和"布局"。用户可以根据自己的需求，过滤显示对应的主题。将鼠标指针悬浮在主题上，可以"安装"或"预览"该主题详情。

（3）将鼠标指针悬浮在已安装的主题上，即可启用已安装的主题。例如，启用 twentytwentyone 主题。启用该主题后，网站前台显示效果如图 10-21 所示。

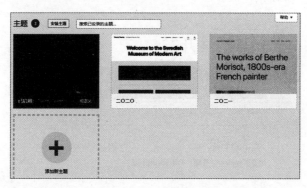

图 10-20 "主题"界面

图 10-21 修改后的主题效果

（4）如果用户还需要对主题样式进行修改，可以在 WordPress 后台依次单击"外观"/"主题文件编辑器"命令，打开"编辑主题"界面，如图 10-22 所示。

（5）在右侧"主题文件"部分，用户可以选择编辑的类型文件，包括样式表、模板函数、parts、templates、首页模板等。通过编辑这些文件，用户可以实现二次开发。

图 10-22　编辑主题文件

10.3.2　定制网站

用户还可以对网站的设计进行修改，以定制漂亮的网站。在 WordPress 后台的菜单栏中，依次单击"外观" / "编辑器"命令，打开站点编辑界面，如图 10-23 所示。

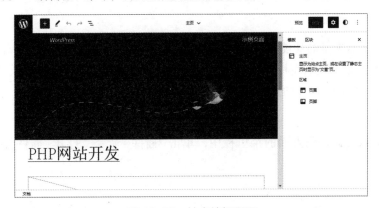

图 10-23　站点编辑界面

此时，用户选择想要编辑的部分，即可进行编辑。用户也可单击"列表视图"按钮██，将看到网站中的所有区块，然后单击要修改的区块进行编辑即可。例如，编辑"站点标题"时，单击"站点标题"，将默认的站点标题 WordPress 修改为"测试 WordPress 站点"，如图 10-24 所示。

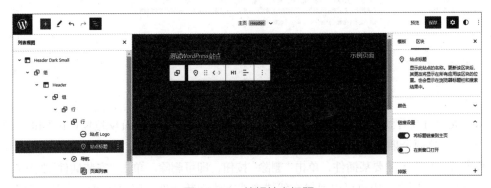

图 10-24　编辑站点标题

然后，单击右上角的"保存"按钮。再次访问该站点时，可以看到站点标题被修改，效果如图 10-25 所示。

图 10-25　成功修改站点标题

1. 使用第三方插件

尽管 WordPress 本身的功能非常强大，已经集成了文章、媒体、页面、评论的管理功能，但是它某些时候仍然无法满足用户的需求，如在博客文章插入一个音乐播放器、使用一个其他编辑器等。此时，用户则可以通过安装第三方插件来实现自己的需求。

2. 管理插件

在 WordPress 后台管理界面的菜单栏中，单击"插件"命令，打开"插件"管理界面，如图 10-26 所示。

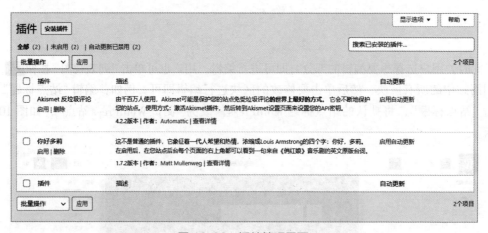

图 10-26　插件管理界面

从该界面可以看到，默认安装了两个插件，名称分别为"Akismet 反垃圾评论"和"你好多莉"。但是，这两个插件都没有启用。如果需要使用某个插件功能，单击"启用"按钮，启用该插件即可。如果不需要某插件，单击"删除"按钮，即可删除。单击"安装插件"按钮，打开添加插件界面。同样，用户可以通过在线或离线方式安装插件。用户还可以根据"特色""热门""推荐"或"收藏"分类方式,过滤显示匹配分类的插件,或直接通过搜索文本框进行搜索插件。单击"上传插件"按钮,即可上传下载好的插件。注意,上传的插件文件格式必须是.zip。

3. 安装及使用表单留言功能插件

Contact Form 7 是一款免费的 WordPress 联系表单插件,简称 CF7。如果用户的网站需要增加联系表单、留言、邮件订阅等功能,通过该插件即可实现。

实例 10-4 下面安装及使用 Contact Form 7 插件。操作步骤如下文描述。

(1)在 WordPress 后台管理,打开"插件"管理界面。单击"添加插件"按钮,并搜索名为"Contact Form 7"的插件,效果如图 10-27 所示。

图 10-27 添加插件界面

(2)单击"Contact Form 7"插件上面的"立即安装"按钮,将开始安装。安装完成后,单击"启用"按钮,即可启动该插件。此时,在左侧栏将看到一个"联系"菜单,包括的子菜单有"联系表单""添加新表单"和"整合"。在"联系表单"中,即可看到创建好的表单,如图 10-28 所示。其中,该表单标题为"联系表单 1",简码为"[contact-form-7 id="45" title="联系表单 1"]"。如果用户想要添加新的表单,单击"添加新表单"按钮进行添加。

图 10-28 创建好的表单

(3)此时,用户将该表单的简码放在网站的某个页面,即可显示表单效果。注意,将简码放入网页中时,一定要选择使用文本模式。否则,这些代码不会生效。例如,这里将该表单添加到新创建的文章界面,如图 10-29 所示。

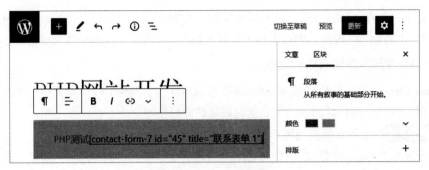

图 10-29　添加联系表单代码

（4）单击"更新"按钮，更新文章。此时，查看文章，即可看到添加的联系表单，效果如图 10-30 所示。

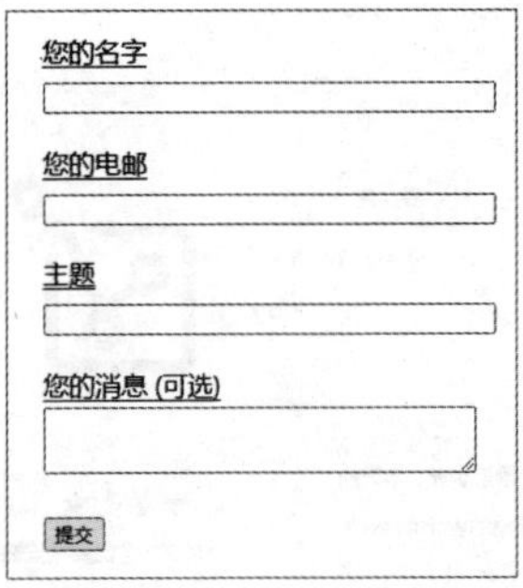

您的名字

您的电邮

主题

您的消息 (可选)

提交

图 10-30　联系表单

本章习题

一、填空题

（1）WordPress 是基于 _____ 免费开源内容管理系统（CMS）。

（2）WordPress 具有良好的兼容性，可以运行在 _____ 和 _____。

（3）WordPress 应用程序由两个部分构成，分别为 _____ 和 _____。

二、判断题

（1）在 WordPress 中，通过添加插件可以实现更多特殊的功能。　　　　　　　（　　）

（2）WordPress 的前台用来显示个人博客系统的文章内容，后台用来管理网站系统。（　　）

三、操作题

搭建 WordPress 并发布一条博客。

第 11 章

使用 Discuz! 搭建论坛

Crossday Discuz! Board（简称Discuz!）是
在国内使用量非常大的一个社区论坛程序。
该程序是由康盛创想科技有限公司编写和维
护。Discuz!的源代码可以免费下载，但是它
并不是开源软件。本章将讲解使用Discuz!搭
建论坛。

使用 Discuz!
搭建论坛

知识入门

1. 什么是 Discuz!

Discuz!是康盛创想科技有限公司（英文简称Comsenz）推出的一套通用的社区论坛软件系统。用户可以在不需要任何编程的基础上，通过简单的设置和安装，在互联网上搭建起具备完善功能、很强负载能力和可高度定制的论坛服务。Discuz!的基础架构采用世界上流行的Web编程组合PHP+MySQL实现，是一个经过完善设计，适用于各种服务器环境的高效论坛系统解决方案。

2. Discuz! 系统架构

Discuz!论坛系统涵盖了目前市面上各种论坛系统软件的常见功能，如论坛版块划分、主题/帖子回复、用户资料修改、论坛短消息等。其主要的系统框架如图 11-1 所示。

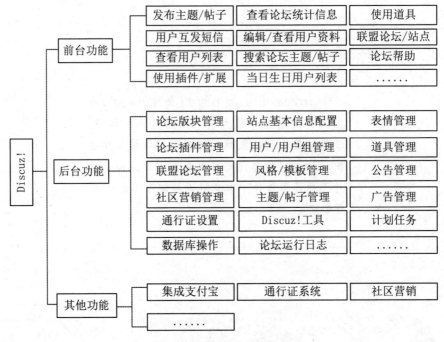

图 11-1 Discuz!系统架构

从图 11-1 中可以看到，Discuz!功能非常多，不仅包括了Web论坛软件应有的基本论坛模块、主题、帖子、用户等功能，还将论坛的概念扩展到社区层次，添加了众多的辅助功能，如集成支付宝、与其他Web系统通行、社区营销等，提高了使用其建立社区论坛网站的附加值。

11.1 搭建 Discuz! 论坛

当用户对 Discuz! 程序了解清楚后，就可以使用该软件来搭建论坛了。本节将介绍获取及安装 Discuz! 的方法。

11.1.1 获取 Discuz! 源码包

Discuz! 的源代码可以通过访问网址 https://www.dismall.com/thread-73-1-1.html 来获取，目前最新版本为 X3.4，如图 11-2 所示。这里提供了三种编码格式的源文件，分别为简体中文 UTF8、简体中文 GBK 和繁体中文 UTF8。这里下载简体中文 UTF8 格式。安装 Discuz! 对 PHP 的版本有要求，最低为 5.3，最高为 7.4，推荐使用 5.6、7.2 等版本兼容性好。

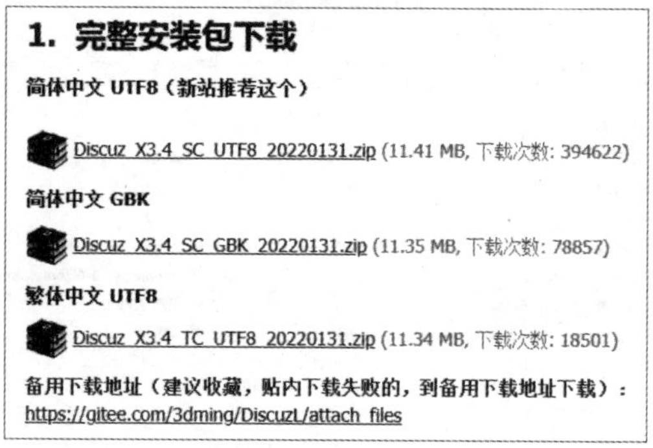

1. 完整安装包下载

简体中文 UTF8（新站推荐这个）

Discuz_X3.4_SC_UTF8_20220131.zip (11.41 MB, 下载次数: 394622)

简体中文 GBK

Discuz_X3.4_SC_GBK_20220131.zip (11.35 MB, 下载次数: 78857)

繁体中文 UTF8

Discuz_X3.4_TC_UTF8_20220131.zip (11.34 MB, 下载次数: 18501)

备用下载地址（建议收藏，贴内下载失败的，到备用下载地址下载）：
https://gitee.com/3dming/DiscuzL/attach_files

图 11-2　下载 Discuz! 安装包

11.1.2 安装 Discuz!

解压缩下载 Discuz! 源码包。解压缩后的 Discuz! 包括两个文件夹，分别为 readme 和 upload。其中，readme 文件夹存放了一些相关的文档；upload 文件夹存放了 Discuz! 软件的源代码。安装 Discuz! 只需要使用 upload 文件夹。因此，用户需要将该文件夹上传到 Web 服务器根目录下。为了便于记忆，将其重命名为 discuz。接下来，就可以安装 Discuz! 了。

实例 11-1　下面安装 Discuz!。操作步骤如下文描述。

（1）在浏览器中访问 Web 服务器目录下的 discuz 文件夹。输入地址 http://127.0.0.1/discuz/install/，将显示 Discuz! 的中文版授权协议，如图 11-3 所示。

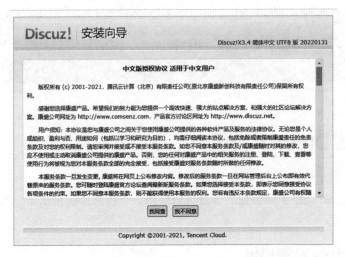

图 11-3　Discuz!的中文版授权协议

（2）单击"我同意"按钮，将检查安装环境，确定当前环境是否可以安装 Discuz!，包括"环境检查""目录、文件权限检查"和"函数依赖性检查"，如图 11-4 所示。在 Windows 操作系统中通常不会有太大的问题。在 Linux 系统中可能会出现目录没有权限的问题。

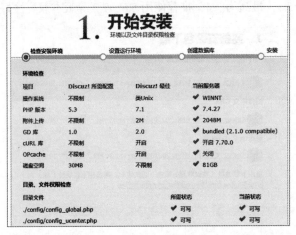

图 11-4　检查安装环境

（3）当检测结果都符合安装要求时，单击"下一步"按钮，显示设置运行环境界面，如图 11-5 所示。

图 11-5　设置运行环境界面

（4）这里提供了两种运行环境。如果之前没有安装过 Discuz!的话，选择"全新安装

Discuz!"。如果之前已经安装，现在只是升级的话，选择"仅安装 Discuz!X"。这里选择"全新安装 Discuz!X(含 UCenter Server)"单选按钮，单击"下一步"按钮，显示安装数据库界面，如图 11-6 所示。

> 提示：如果用户升级 Discuz! 的话，需要保证 UCenter 的版本是 UCenter 1.6.0。如果之前安装的 UCenter Server 没有进行升级操作的话，一般为 1.5.1 版本，需要首先升级 UCenter 为 1.6.0 版本。否则，安装程序会提示错误，无法继续。

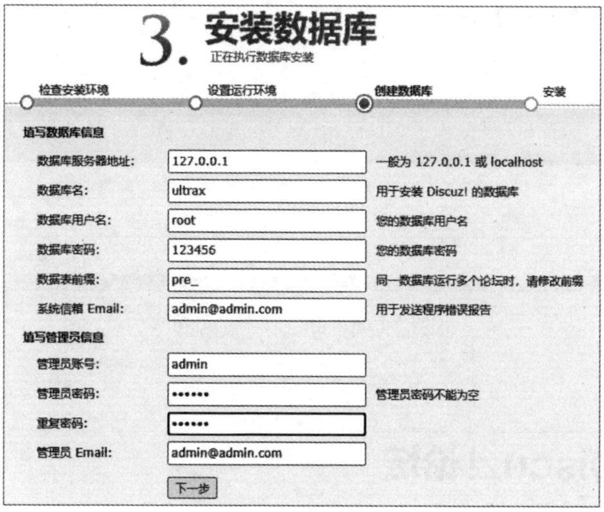

图 11-6 安装数据库

（5）设置 Discuz! 安装所依赖的数据库。这里需要正确填写数据库的用户名和密码，并设置一个网站管理员的账号和密码。单击"下一步"按钮，开始安装数据库。数据库安装完成，将显示"您的论坛已完成安装，点此访问"，并推荐了一些服务，如图 11-7 所示。

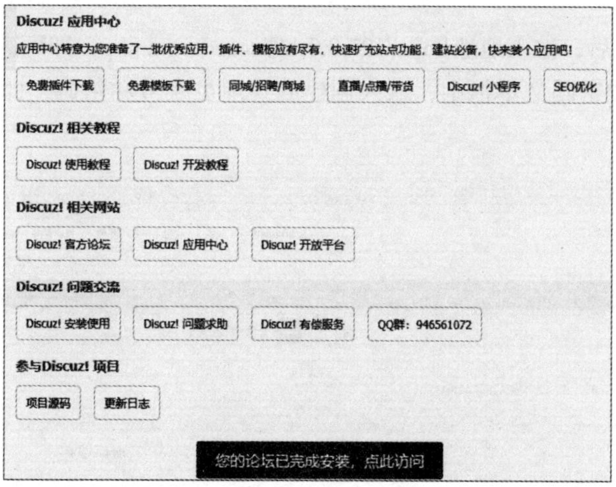

图 11-7 Discuz! 安装完成

（6）单击"您的论坛已完成安装，点此访问"按钮，将显示 Discuz! 的主页面，如图 11-8 所示。

图 11-8　Discuz!主页面

 使用 Discuz! 论坛

当用户成功安装 Discuz! 论坛后，则可以在该论坛上发布及讨论帖子。而且，用户还可以使用该论坛发起投票。本节将介绍 Discuz! 论坛的基本使用。

11.2.1 访问 Discuz! 论坛

Discuz! 安装完成后，输入地址 http://127.0.0.1/discuz/forum.php，即可进入 Discuz! 的主页面。在右上角的用户名和密码文本框中，输入创建的管理员账号和密码，即可登录 Discuz! 论坛，如图 11-9 所示。

图 11-9　成功登录 Discuz! 论坛

11.2.2 发布帖子

当用户成功登录Discuz!论坛后，就可以发布帖子，供大家进行讨论。在Discuz!论坛的首页，单击"我的帖子"/"发帖"命令，打开"论坛导航"界面，如图 11-10 所示。

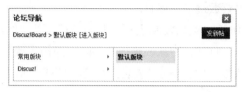

图 11-10 论坛导航

这里选择默认板块，单击"发新贴"按钮，打开"发表帖子"界面，如图 11-11 所示。

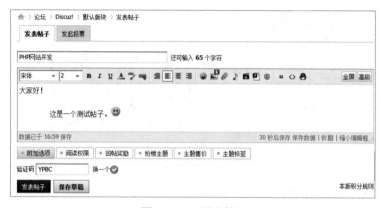

图 11-11 发表帖子

此时，用户输入帖子的标题及内容。在发表帖子时，用户可以对输入的内容进行字体设置、颜色设置、添加附件、图片、音频、代码等。而且，还可以设置附加选项、阅读权限、回帖奖励等。内容准备完成后，单击验证码文本框，将显示要输入的验证码。输入正确后，会显示一个对勾 。然后，单击"发表帖子"按钮，即可成功发布帖子，效果如图 11-12 所示。

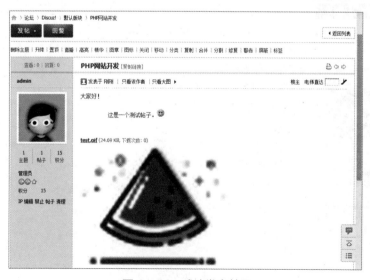

图 11-12 成功发布帖子

11.2.3 发起投票

Discuz!论坛提供了一个投票功能，可以让大家进行投票，从而选择票数最多的项目。例如，公司一起组织活动，提出了几个比赛项目，让大家进行投票表决。此时，则可以在Discuz!论坛发起投票，快速统计出票数最多的项目。

实例 11-2 下面在Discuz!论坛发起投票。其中，标题为"你喜欢的运动是什么？"。运动项目有5项，分别为跑步、打球、游泳、旅行和探险。操作步骤如下文描述。

（1）在Discuz!论坛默认板块中，单击"发帖"/"发起投票"命令，打开发起投票界面，如图 11-13 所示。

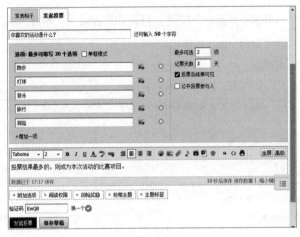

图 11-13　发起投票

（2）此时，根据需求填写投票信息。然后，用户还可以对投票进行设置，如最多可选几项、计票天数、投票结果是否可见。然后，可以输入关于投票规则的相关信息等。设置完成后，输入验证码，单击"发起投票"按钮，即可成功发起投票，效果如图 11-14 所示。

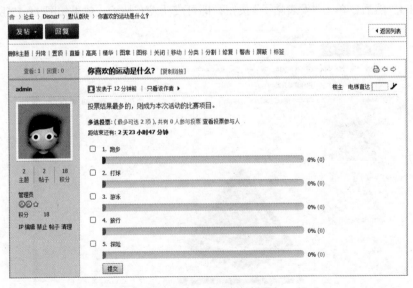

图 11-14　成功发起投票

（3）现在，大家就可以根据自己的喜欢进行投票了。从该界面可以看到投票的规则和距离结束的时间。

11.3 管理 Discuz! 论坛

Discuz!论坛安装后，使用默认的站点界面、模板、板块等。如果用户不喜欢，可以登录后台管理界面进行修改。本节介绍如何管理 Discuz!论坛。

11.3.1 进入 Discuz! 论坛的管理后台

当用户成功登录Discuz!论坛后，即可对站点进行全方位的管理。在浏览器中访问"http://127.0.0.1/discuz/admin.php"网址，或者单击用户头像左侧的"管理中心"链接，打开Discuz!管理中心登录界面，如图 11-15 所示。

图 11-15　Discuz!管理中心登录界面

在Discuz!管理中心登录界面，输入用户admin的密码。然后，还可以设置问题及答案。这里不设置任何问题，使用默认值"无安全提问"。单击"提交"按钮，即可进入Discuz!管理中心，如图 11-16 所示。

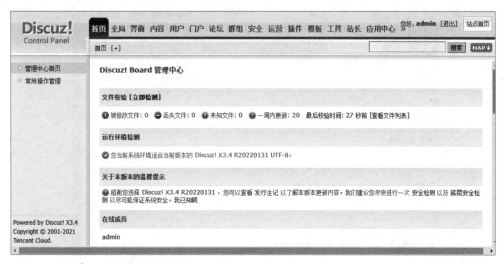

图 11-16　Discuz!论坛管理中心

在Discuz!论坛管理中心的菜单栏中，可以看到所有的管理分类，包括首页、全局、界面、内容、用户、门户、论坛、群组、安全、运营、插件、模板、工具、站长、应用中心和

PHP 网站开发案例与实战/ ,,,,

UCenter。此时，单击任何分类标签，即可进行对应的操作。

11.3.2 管理站点信息

站点信息是对站点最直观的展现。例如，站点名称就可以体现出该网站的类型。站点信息可以在全局类中的站点信息中修改，如图 11-17 所示。

图 11-17 管理站点信息

例如，将站点名称和网站名称都修改为"PHP网站开发技术"。然后，单击"提交"按钮，即可看到修改后的变化，如图 11-18 所示。从该界面可以看到有两处位置进行了修改，分别为网站的LOGO和网站名称。

图 11-18 修改后的站点信息

(11.3.3) 管理板块

　　管理板块是论坛程序中常用的管理项，它可以在管理中心的论坛类和"板块管理"项中进行设置，如图 11-19 所示。

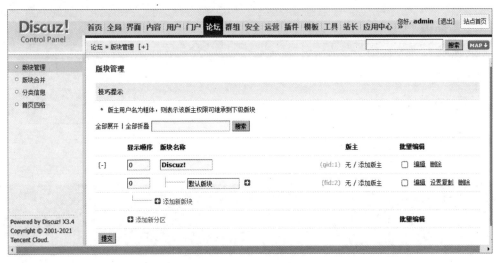

图 11-19　板块管理

　　从"板块管理"界面可以看到，当前论坛默认只有一个名称为 Discuz! 的分区，该分区下有一个板块"默认板块"。接下来，将添加一个新分区"VIP专区"，并添加两个模块，名称分别为"学习"和"交流"。单击"添加新分区"按钮，输入分区名称为"VIP专区"。在该专区下，单击"添加新板块"，分别设置名称为"学习"和"交流"，效果如图 11-20 所示。

图 11-20　添加新分区和新板块

　　单击"提交"按钮，使配置生效。然后，在论坛的主页面即可看到添加的新分区和新板块，如图 11-21 所示。如果用户不需要某板块的话，在板块管理界面可以将其删除。

图 11-21　添加的新分区和板块效果

知识拓展

1. 使用第三方插件

插件可以用来对网站功能进行扩展，以提高网站的质量。Discuz!有内置应用中心，用户可以在其中选择一些插件进行安装使用。但是，如果使用内置的应用中心来安装插件，还需要先注册网站及绑定QQ号码。

实例 11-3　下面在Discuz!应用中心注册和绑定QQ号码。操作步骤如下文描述。

（1）在Discuz!后台管理界面，单击"应用中心"菜单，将打开网站注册界面，如图11-22所示。

图 11-22　网站注册界面

（2）在网站注册界面设置网站名称、网站URL、QQ号、安全密码。设置完成后，单击"提交"按钮，将显示该网站的基本信息，如图11-23所示。

（3）在该界面单击"点击绑定QQ"命令，完成QQ绑定。然后，即可管理插件或模板等信息了。

图 11-23 网站基本信息

2. 安装插件

下面以"签到"插件为例，介绍其安装及使用方法。操作步骤如下文描述。

（1）在Discuz!应用中心界面，单击"插件"菜单，打开"插件管理"界面，如图 11-24 所示。

图 11-24 "插件管理"界面

（2）在"插件管理"界面包括三个子菜单，分别为"插件列表""检查更新"和"获取更多插件"。在"插件列表"中可以看到已启用的和未安装的插件；"检查更新"用来检查新版本插件；"获取更多插件"用来搜索及在线安装插件。单击"获取更多插件"子菜单后，将显示DISCUZ!应用中心界面，如图 11-25 所示。

图 11-25 "DISCUZ!应用中心"界面

（3）在"DISCUZ!应用中心"界面，输入网站的一些注册相关信息。单击"提交"按钮后，将显示所有的插件。在搜索文本框中搜索"每日签到"插件，效果如图 11-26 所示。

图 11-26 搜索到的插件列表

（4）这里选择免费的"每日签到"插件。单击该插件后，将显示插件详情，如图 11-27 所示。单击"安装应用"按钮，将显示该插件相关信息，如图 11-28 所示。

图 11-27 插件详情

图 11-28　插件相关信息

（5）在"安全密码"文本框中，输入前面注册网站时设置的密码。然后，单击"开始安装"按钮，将显示"每日签到 1.1.3 授权协议"界面。单击"我同意"按钮，继续安装该插件。然后，在插件列表中可以看到新安装的"每日签到"插件，如图 11-29 所示。

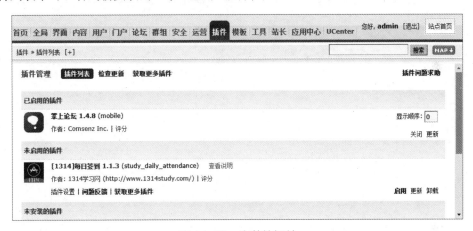

图 11-29　安装的插件

（6）单击"启用"按钮，启用"每日签到"插件。单击"插件设置"按钮，还可以设置插件，如需要签到的用户组、奖励类型、奖励数及签到显示位置。默认显示在顶部导航左侧。此时，在前台页面最上方导航左侧可以看到有一个"打卡签到"链接，如图 11-30 所示。单击"打卡签到"就可以签到了，非常简单，也不用写帖子。

图 11-30　打开签到

本章习题

一、填空题

（1）Discuz!的英文全称为 _____。

（2）Discuz!是 _____ 推出的一套通用的社区论坛软件系统。

（3）Discuz!的基础架构采用世界上流行的Web编程组合 _____ 实现。

二、操作题

（1）搭建Discuz!论坛，并设置网站名称为"我的第一个PHP论坛站点"。

（2）在新搭建的Discuz!论坛中，新建"交易"板块。

第 12 章

PHP 开发实战

通过前面的学习，用户对PHP网站开发的相关知识就了解清楚了，如与HTML的结合、连接数据库等。为了快速地搭建网站，用户可以直接使用WordPress和Discuz!模板。本章将使用前面学到的所有知识，创建一个网易的网盘和一个简单的投票系统。

1. 网站开发准备工作

在一个项目开始之前，往往有许多准备工作要做。通常用户需要按照编写项目计划书→系统设计→数据库设计→创建项目→实现项目→运行项目→解决开发常见问题→发布网站过程的流程来设计一个网站。如果只是简单设计一个网站的话，网站上的设计可以简化，即简单地实现了其功能即可。接下来，将分别介绍如何实现一个简单的网盘和投票系统的功能设计结构。

2. 网易的网盘功能设计

下面用文字简单地描述将要创建的网盘需要的功能。

（1）注册与登录。注册与登录作为简易网盘的主页面，提供注册账号和登录账户的功能，其简易网页效果如图 12-1 所示。已注册用户可以单击"登录"链接，进入登录页面，如图 12-2 所示。登录页面需要判断密码的正确性。如果正确跳转到网盘管理界面，否则提示重新输入正确的用户名和密码直到成功登录。新用户则可以单击"注册"链接，用户进入注册页面，如图 12-3 所示。

图 12-1　注册与登录页面　　　　图 12-2　登录页面　　　　图 12-3　注册页面

用户提供用户名和密码即可注册。在注册成功后，即提示用户进入登录界面，否则提示用户输入正确的用户名和密码直到成功注册。

（2）管理网盘中的文件。当用户成功登录后就进入网盘文件管理页面，如图 12-4 所示。在文件管理页面，每个文件应该提供下载按钮。每个文件夹以链接的形式显示以便进入子文件夹，并且不提供下载链接。进入子文件夹后应该显示返回上一级链接，如图 12-5 所示。

在每个目录下应该提供上传选项用来上传新文件到当前目录，如图 12-6 所示。

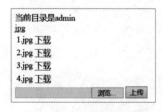
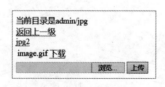
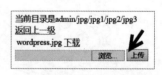

图 12-4　文件管理页面　　　图 12-5　子目录中的返回上一级链接　　　图 12-6　上传文件

（3）数据库设计。在简易网盘程序中，需要在注册和登录的时候使用数据库。这里提供的注册信息只有简单的用户名和密码。因此，只需要创建一个只有用户名和密码的简单数据表。

SQL 命令如下：

```
mysql> USE mydatabase;
Database changed
mysql> CREATE TABLE wangpan(username VARCHAR(20) NOT
NULL,password VARCHAR(20) NOT NULL);。Query OK, 0 rows affected
(0.03 sec)
```

创建后的结果表数据如下：

```
mysql> DESCRIBE wangpan;
+-----------+-------------+--------+---------+--------+--------+
| Field     | Type        | Null   | Key     | Default| Extra  |
+-----------+-------------+--------+---------+--------+--------+
| username  | varchar(20) | NO     |         | NULL   |        |
2 rows in set (0.00 sec)
```

3. 投票系统的功能设计

投票系统与网盘设计类似，下面将讲解一个投票系统需要实现的功能。

（1）简易管理。简易管理就是用来管理投票的主题。例如，添加一个新的投票主题，查看已经存在的投票主题。该页面可以非常简单，只需要两个跳转至相关处理页面的链接即可，如图 12-7 所示。

（2）显示存在的主题。显示存在的主题是管理项目的一项基本功能，它可以转到显示数据库中已经存在的投票主题，如图 12-8 所示。每个存在的主题后应该提供浏览链接，该链接可以查看该主题并且可以模拟投票，如图 12-9 所示。

投票主题管理	当前存在的主题	单选
显示存在的主题 添加主题	1 对本站的评价　浏览 2 单选　　　　　浏览	○ 好 ○ 不好 [投票] 您还可以返回继续浏览
图 12-7　管理页面	图 12-8　显示存在的主题	图 12-9　浏览存在的主题

如果当前数据库中没有存在的主题，则显示提示信息，如图 12-10 所示。单击提示信息提供的"添加一个主题"链接，就可以跳转到添加主题页面。

（3）添加投票主题。在主题管理页和数据库中不存在投票主题的时候，可以单击添加主题链接以进入添加主题页面，如图 12-11 所示。

警告！

当前还没有主题可以显示，您可以添加一个主题

图 12-10　没有存在主题时的提示信息

图 12-11　添加投票主题

在该页面中，可以指定投票主题的名称、投票的方式和选项的个数。该选项会将用户填入的信息保存在数据库，并且转向指定投票选项的页面。注意，指定投票选项的表格应该是动态

生成的，可以随着选项的个数不同而不同。例如选项个数为 2，效果如图 12-12 所示；如果选项个数为 5，效果如图 12-13 所示。在该页面提交的信息，会写入到数据库中。

图 12-12　添加投票主题

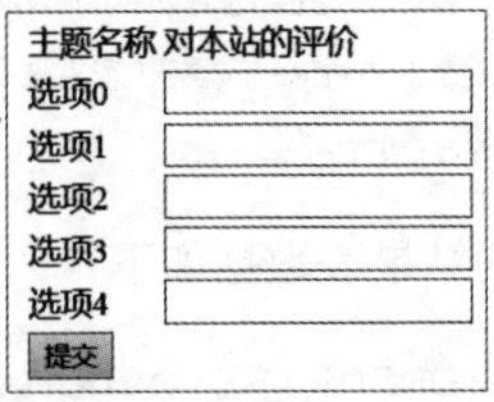

图 12-13　添加投票主题

（4）模拟投票。模拟投票就是通过浏览已经存在的投票主题，然后进行投票。投票数据会被保存在数据库中。这里选择一些并进行投票，效果如图 12-14 所示。在投票提交后，显示效果如图 12-15 所示。此时，单击"查看投票结果"链接，可以查看投票的结果，如图 12-16 所示。从投票结果可以看到，"满意"选项已经被投票一次。

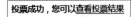

图 12-14　进行投票　　　　　图 12-15　投票成功 　　　　　图 12-16　投票结果

（5）数据库设计。在投票系统中，可以固定设计的数据库只有一个简单的用来记录投票主题的数据库。SQL 语句如下：

```
mysql> USE mydatabase;
Database changed
mysql> CREATE TABLE theme_name(id TINYINT PRIMARY KEY AUTO_
INCREMENT,name VARCHAR(100) NOT NULL,mode VARCHAR(10) NOT NULL);
Query OK, 0 rows affected (0.03 sec)
```

创建后的结构表数据如下：

```
mysql>
+--------+-------------+------+------+---------+----------------+
| Field  | Type        | Null | Key  | Default | Extra          |
+--------+-------------+------+------+---------+----------------+
| id     | tinyint     | NO   | PRI  | NULL    | auto_increment |
| name   | varchar(100)| NO   |      | NULL    |                |
| mode   | varchar(10) | NO   |      | NULL    |                |
+--------+-------------+------+------+---------+----------------+
3 rows in set (0.00 sec)
```

循序渐进

12.1 小小网盘

网盘是近几年来兴起的一类 Web 应用，用户可以将自己的文件保存到网盘中。然后，在任何有网络的环境下管理自己的文件。本节将编写一个可以使用的简易网盘程序。

12.1.1 主页面实现

主页面是网盘程序的入口，为新用户提供注册的链接，为老用户提供登录的链接。实现的 HTML 代码如下所示，保存在 mainpage.html 脚本。

```
<html>
    <h1>欢迎光临PHP网盘</h1><br />
    如果您为新用户，请<a href="register.html">注册</a><br />
    如果您拥有一个账号，请<a href="login.html">登录</a>
</html>
```

以上 HTML 代码用来将用户引入对应的界面，只需提供两个跳转链接，不需要 PHP 代码。

12.1.2 注册与登录实现代码

注册的实现会有很多特殊情况，如用户名或密码为空、用户名已经存在等。登录则只需判断用户名和密码都不为空，而且与数据库中的数据匹配。

1. 注册实现

下面首先创建一个 HTML 页面，然后将注册信息传递给 PHP 页面。其中，HTML 页面的代码如下所示，保存在 register.html 脚本。

```
<html>
    <h1>注册网盘</h1>
    <form action="register.php" method="post">
        用户名：
        <input type="text" name="username">
        <br /><br />
        密     码：
        <input type="text" name="password">
        <br />
        <input type="submit" value="提交注册">
    </form>
```

```
</html>
```

PHP代码如下，保存在register.php脚本。

```php
<?php
    error_reporting(NULL);                           //关闭错误信息显示
    $link=mysqli_connect('localhost','root','123456')or die("数据
库连接失败！");      //连接数据库
    mysqli_select_db($link,'mydatabase');     //选择数据库
    $username=$_POST['username'];                    //获取HTML中的用户名
    $psw=$_POST['password'];                         //获取HTML中的密码
    $sql="SELECT * FROM wangpan WHERE username='{$username}'";
    $res=mysqli_query($link,$sql)or die("查询失败".mysqli_
error($link));              //查询用户名是否被注册
    $arr=mysqli_num_rows($res);                      //返回查询结果
    if(empty($username)||empty($psw)){
                          //用户名或密码为空则提示重新填写
        echo '<h1>警告</h1>';
        echo '用户名或密码都不可以为空，请<a href=register.html>重新填
写</a>';
    }elseif($arr!=NULL) //已经有存在的用户名则提示重新填写
        echo '该用户名已经被抢注，请<a href=register.html>重新填写</
a>';
    elseif(!empty($username)&&!empty($psw)){
                          //用户名和密码不为空且不重复则将数据写入数据库
        $sql="INSERT wangpan(username,password) VALUES('{$usernam
e}','{$psw}')";
        mysqli_query($link,$sql)or die('数据库出现问题！'.mysqli_
error($link));
        echo "账号注册成功！现在你可以去<a href=login.html>登录</a>";
        mkdir("../{$username}");
                          //创建于用户名同名的文件夹作为网盘主文件夹
    }
?>
```

以上PHP代码重点就在于判断页面传递的用户名和密码是否为空，或者已经有存在的用户名。成功注册后则为该用户创建一个同用户名相同的主文件夹。

2. 登录实现

登录的实现同注册类似。其中，HTML页面的代码如下所示，保存在login.html脚本。

```html
<html>
    <h1>登录网盘</h1>
    <form action="login.php" method="post">
        用户名：
        <input type="text" name="login_name"><br /><br />
```

```
            密      码：
            <input type="text" name="login_password"><br />
            <input type="submit" value="登录">
        </form>
</html>
```

PHP 代码实现如下所示，保存在 login.php 脚本。

```php
<?php
    error_reporting(NULL);                          //关闭错误提示
    session_start();                                //开启 Session
    setcookie(session_name(),session_id());         //设置 Cookie
    $link=mysqli_connect('localhost','root','123456');
    mysqli_select_db($link,'mydatabase');
    $username=$_POST['login_name'];         //获取 HTML 传递的用户名
    $sql="SELECT password FROM wangpan WHERE
username='{$username}'";
    $res=mysqli_query($link,$sql);
    $arr=mysqli_fetch_assoc($res);          //获取对应用户名的密码
    if($arr['password']!==$_POST['login_password']){
                                            //判断用户名与密码是否匹配
        echo "<h1>登录失败</h1>";
        echo "用户名或密码错误，请重新 <a href=login.html>登录</a>";
    }else{                          //登录成功则设置 Session 变量
        $_SESSION['username']=$username; //用来记录用户名
        $_SESSION['dir']=$username;         //用来记录用户目录
        echo '<h1>登录成功</h1>';
        echo '马上跳转至管理页面...';
        echo "<meta http-equiv=\"refresh\"
content=\"1;url=managefile.php\">"; //延迟跳转
    }
?>
```

以上代码的重点在于成功登录后设置记录用户名和用户目录的 session 变量。

12.1.3 管理文件

文件管理是网盘程序的核心，其实现代码如下所示，保存在 managefile.php 脚本。

```php
<?php
    error_reporting(NULL);
    session_start();                        //取回登录用户名
    echo "当前目录是".$_SESSION['dir'].'<br />';       //获取当前目录
    if(isset($_GET['back'])&&($_GET['back']=='yes'))
                                //判断是否单击返回上一级链接
        $_SESSION['dir']=substr($_SESSION['dir'],0,strripos($_
```

```
SESSION['dir'],'/'));                    //将Session中存储的路径减少一级
    if(isset($_GET['dir'])){             //判断是否单击目录链接
        $_SESSION['dir'].="/{$_GET['dir']}";
                                    //进入子目录则为Session变量中路径加入子目录
        chdir("../{$_SESSION['dir']}");
                                    //改变目录以供scandir()函数遍历目录文件
    }else
        chdir("../{$_SESSION['dir']}");           //展示主目录
    if($_SESSION['dir']!=$_SESSION['username'])
                                    //判断是否需要显示返回上一级链接
        echo "<a href=managefile.php?back=yes>返回上一级</a><br
/>";
    $arr=scandir(getcwd());          //将当前目录作为scandir函数的参数
    echo "<table>";                  //将结果装入HTML表格
    foreach($arr as $v){             //遍历返回的结果集
        if(is_dir("./{$v}")&&$v!='.'&&$v!='..')
                                    //如果文件为目录则显示为链接
            echo "<tr><a href=managefile.php?dir={$v}>{$v}</a></
tr>";
        elseif(is_file($v)){         //如果文件为普通文件则提供下载链接
            echo "<tr><td>{$v}</td><td><a href=down.
php?filename={$v}>下载</tr>";
        }
    }
    echo "</table>";
?>
```

该文件的难点在于进入子目录和返回上一级目录，这就需要对当前session变量了解很透彻。然后，对该变量进行增加目录（进入子目录）和减少目录（返回上级目录）。每个目录都应该提供上传文件的选项。因此该部分，可以写入到managefile.php脚本文件。代码如下所示：

```
<form enctype='multipart/form-data' method='post'>
    <input type='file' name='usrfile' />
    <input type='submit' value='上传'>
</form>
<?php
    if(!empty($_FILES)){             //判断变量是否为空
        $filename=$_FILES['usrfile']['tmp_name'];
                                    //定义要转移的文件名
        $filedir="../{$_SESSION['dir']}/{$_FILES['usrfile']
['name']}";                         //定义目标路径
        move_uploaded_file($filename,$filedir);
        echo "<meta http-equiv=\"refresh\"
content=\"0;url=managefile.php\">";
    }else{
```

```
    }
?>
```

以上代码中的重点在于为move_uploaded_file提供正确的目标路径，同时在上传后立即刷新该页面，以便用户管理新上传的文件。

 文件下载

在文件管理页面中单击对应文件名后的下载链接，即可下载对应的文件。这里需要做的就是改变报头并提供文件名称以供浏览器下载，实现的代码如下所示，保存到down.php脚本。

```php
<?php
    error_reporting(NULL);
    Header("Content-type: application/octet-stream");
    Header("Content-Disposition: attachment; filename=".$_
GET['filename']);
?>
```

12.2 简易网盘运行测试

在编码过程中通常需要非常多的测试过程。本节就来测试一下程序，验证是否以用户期望的效果运行。

12.2.1 注册测试

注册测试通常是测试在一些可能错误的情况下程序能否作出正确的响应。例如，用户不填写用户名和密码就进行提交，程序就会出现如图 12-17 所示的响应。从该界面可以看到，程序并不会让这种情况成功注册。当填写用户名和密码后单击"注册"按钮，将出现如图 12-18 所示的响应。如果用户再以同样的用户名注册的话，程序将阻止该用户注册，显示效果如图 12-19 所示。

警告

用户名或密码都不可以为空，**请重新填写**

图 12-17　警告信息

账号注册成功！现在你可以去登录

图 12-18　账号注册成功

该用户名已经被抢注，**请重新填写**

图 12-19　阻止同名账号注册

12.2.2 登录测试

登录测试非常简单，只需要测试用户名对应的密码是否与数据库中的数据一致。如果不一致，则提示用户重新输入，如图 12-20 所示。如果提交的用户名和密码是对应的，则跳转到管理页面，如图 12-21 所示。

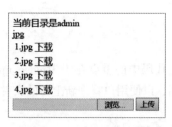

图 12-20　用户名和密码不一致

图 12-21　跳转到管理页面

12.2.3 文件浏览测试

当用户成功登录后，浏览器会自动跳转到管理文件页面。此时，用户需要测试的就是能否进入子文件夹，并且可以从子文件夹中返回上一级文件夹。单击管理页面中的文件夹链接，将出现如图 12-22 所示的界面。当单击返回上一级链接后，应该返回上一级菜单，效果如图 12-23 所示。

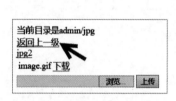

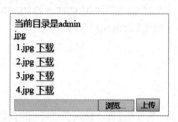

图 12-22　进入子文件夹

图 12-23　从子文件夹中返回

12.2.4 文件上传测试

文件上传测试主要测试上传后的文件能否立即被显示。这里选择一个文件上传，上传成功后，效果如图 12-24 所示。在上传文件后并不需要手动刷新页面，就可以显示刚刚上传的文件。

12.2.5 文件下载测试

文件下载测试非常简单，只需单击对应文件名之后的下载链接，来查看浏览器是否会出现下载选择，如图 12-25 所示。从浏览器底部可以看到，提示如何处理下载的文件。由此可以说明，文件下载功能已经被正确实现。

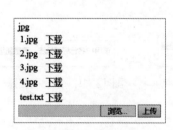

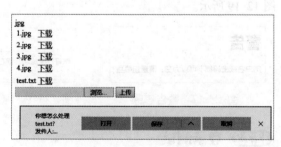

图 12-24　上传文件

图 12-25　下载文件测试

12.3 简易投票系统

当用户将投票系统的准备工作都做好后，就可以开始编写代码，逐步完成这个投票系统。本节将介绍编写投票系统的具体代码。

12.3.1 管理页面

管理页面实现非常简单，只需要一个简单的 HTML 页面即可。其中，代码保存在 index.html 脚本，如下所示：

```
<html>
    <h1>投票主题管理</h1>
    <a href=show_theme.php>显示存在的主题</a><br />
    <a href=add.html>添加主题</a>
</html>
```

运行以上程序后，显示在页面中的链接用来跳转至相关操作的页面。

12.3.2 显示存在的主题

显示存在的主题页面实现也是比较简单的。该页面通过读取数据库来判断是否存在投票主题。如果存在投票主题则展示这些主题，如果不存在则提示相关信息。其中，显示存在的主题代码保存在 show_theme.php 脚本。代码如下所示：

```php
<?php
    header("Content-Type:text/html;charset=utf-8");
                                                    //发送自定义包头
    $link=mysqli_connect('localhost','root','123456');
                                                    //连接数据库
    mysqli_select_db($link,'mydatabase');
    mysqli_query($link,"SET NAMES 'utf8'");          //设置数据库相关编码
    mysqli_query($link,"SET CHARACTER_SET_CLIENT=utf8");
    mysqli_query($link,"SET CHARACTER_SET_RESULTS=utf8");
    $sql="SELECT * FROM theme_name";
    $res=mysqli_query($link,$sql)or die(mysqli_error($link));
    //查询投票主题
    if(!mysqli_affected_rows($link)){
                                        //不存在投票主题则发出提示信息
        echo "<h1>警告！</h1>";
        echo '当前还没有主题可以显示，您可以';
        echo '<a href=add.html>添加一个主题</a>';
                                        //存在投票主题则展示存在的投票主题
    }else{
        echo "<h1>当前存在的主题</h1><table>";
```

```php
        while($arr=mysqli_fetch_assoc($res)){
            echo "<tr><td>{$arr['id']}</td><td>{$arr['name']}</
td><td>
            <a href=ballot.php?id={$arr['id']}&mode={$arr['mo
de']}>浏览</a></td></tr>";
        }
        echo "</table>";
    }
?>
```

12.3.3 添加投票主题

添加投票主题是投票系统的难点。因为实现代码会从一个数据表中查询相关信息，并作为创建新数据表的信息，其中的数据使用是比较复杂的。其中，添加投票主题的代码保存在 add.php 脚本。

```php
<?php
    session_start();                                    //开启 Session
    setcookie(session_name(),session_id());             //设置 Cookie
    header("Content-Type:text/html;charset=utf-8");
    if(!empty($_POST)){                                 //设置 Session 变量
        $_SESSION['theme_name']=$_POST['theme_name'];
        $_SESSION['mode']=$_POST['mode'];
        $_SESSION['amount']=$_POST['amount'];
    }
?>
<form method='post' action='add_db.php'>
<table>
    <tr><td>主题名称</td><td><?php echo $_SESSION['theme_
name'];?></td></tr>
<?php
    for($i=0;$i<$_SESSION['amount'];$i++){              //动态输出表格
        echo "<tr><td>选项{$i}</td><td><input type='text'
name='{$i}'/></td></tr>";
    }
?>
<tr><td><input type='submit' value='提交'></td></tr>
</table></form>
```

用户在表格中添加相应的数据后，该页面的信息会传入 add_db.php 脚本文件。代码如下所示：

```php
<?php
    session_start();                                    //取回 Session
    header("Content-Type:text/html;charset=utf-8");
```

```php
    $link=mysqli_connect('localhost','root','123456');
    mysqli_select_db($link,'mydatabase');
    mysqli_query($link,"SET NAMES 'utf8'");   //设置数据库编码
    mysqli_query($link,"SET CHARACTER_SET_CLIENT=utf8");
    mysqli_query($link,"SET CHARACTER_SET_RESULTS=utf8");
    //theme_name表
    $sql="INSERT theme_name (name,mode) VALUES('{$_
SESSION['theme_name']}','{$_SESSION['mode']}')";
    mysqli_query($link,$sql);
    //创建对应Id的表
    $sql="SELECT id from theme_name WHERE name='{$_
SESSION['theme_name']}'";
    $res=mysqli_query($link,$sql)or die(mysqli_error($link));
    $arr=mysqli_fetch_assoc($res);
    $table_id=$arr['id'];
    $sql="CREATE TABLE IF NOT EXISTS `{$table_id}`(id INT NOT
NULL AUTO_INCREMENT PRIMARY KEY,";
    $sql.="options VARCHAR(100) NOT NULL,number INT DEFAULT 0)";
    mysqli_query($link,$sql)or die(mysqli_error($link));
    $options='';
    for($i=0;$i<$_SESSION['amount'];$i++){
        $options.="('{$_POST[$i]}')".',';
                                    //将投票主题的选项连接作为SQL语句
    }
    $options=substr($options,0,strlen($options)-1);
                                    //去掉循环生成的SQL语句后的多余逗号
    $sql="INSERT `{$table_id}` (options) VALUES {$options}";
    mysqli_query($link,$sql)or die(mysqli_error($link));
                                    //向新生成的表中添加数据
?>
<h1>添加主题成功！</h1>
您可以 <a href=show_theme.php>查看</a>存在的主题
```

12.3.4 模拟投票

模拟投票在投票系统中用来更新选项对应的票数，实现比较简单。其中，该代码保存在 ballot.php 脚本。

```php
<?php
    header("Content-Type:text/html;charset=utf-8");
    $id=$_GET['id'];                //获取投票主题的ID
    $mode=$_GET['mode'];            //获取投票主题的投票方式
    $link=mysqli_connect('localhost','root','123456');
    mysqli_select_db($link,'mydatabase');
```

```php
mysqli_query($link,"SET NAMES 'utf8'");
mysqli_query($link,"SET CHARACTER_SET_CLIENT=utf8");
mysqli_query($link,"SET CHARACTER_SET_RESULTS=utf8");
$sql="SELECT name FROM theme_name WHERE id={$id}";
                                    //将查询结果作为投票主题名
$res=mysqli_query($link,$sql)or die(mysqli_error($link));
$arr=mysqli_fetch_assoc($res);
echo "<form action=update.php?id={$id}&mode={$mode}
method=post><table>";
echo "<tr><td></td><th>{$arr['name']}</th></tr>";
$sql="SELECT options FROM `{$id}`"; //查询对应表中的所有投票选项
$res=mysqli_query($link,$sql)or die(mysqli_error($link));
$i=0;                               //作为标识每个选项的ID
while($arr=mysqli_fetch_assoc($res)){
                            //根据投票的模式生成对应的投票列表
    if($mode=='radio'){
        $i++;
        echo "<tr><td><input type=radio name=vote
value={$i}></td>";
        echo "<td>{$arr['options']}</td></tr>";
    }else{
        $i++;
        echo "<tr><td><input type=checkbox name=id[]
value={$i}></td>";
        echo "<td>{$arr['options']}</td></tr>";
    }
}
echo "<tr><td></td><td><input type=submit value=投票 /></
td></tr></table></form>";
echo "<br />您还可以返回<a href=show_theme.php>继续浏览</a>";
?>
```

12.3.5 投票统计

投票统计就是用来查询对应的投票数，只需要通过查询对应数据表的投票选项名称和数目，然后循环列出即可。其中，该代码保存在show_res.php脚本。

```php
<?php
header("Content-Type:text/html;charset=utf-8");
$id=$_GET['id'];                            //获取要查看的表的ID
$link=mysqli_connect('localhost','root','123456');
mysqli_select_db($link,'mydatabase');
mysqli_query($link,"SET NAMES 'utf8'");
mysqli_query($link,"SET CHARACTER_SET_CLIENT=utf8");
```

```
mysqli_query($link,"SET CHARACTER_SET_RESULTS=utf8");
$sql="SELECT options,number FROM `{$id}`";
                                    //获取对应的投票选项及投票数
$res=mysqli_query($link,$sql)or die(mysqli_error($link));
echo '<table border=1>';
while($arr=mysqli_fetch_assoc($res)){
                                    //将查询结果输出到表格
    echo "<tr><td>{$arr['options']}</
td><td>{$arr['number']}</td></tr>";
}
echo '</table><br />';
echo '<a href=index.php>返回管理页</a>';
?>
```

12.4 投票系统运行测试

在投票系统中，没有类似网盘的登录程序及对应的目录操作程序，更多的是数据库操作的知识。本节将按常规正确的操作，来测试投票系统是否能正常工作。

12.4.1 添加和查看投票主题

添加投票主题可以从管理页面进入，首先出现的是对将要添加的投票主题做设置。例如，设置主题的名称、投票模式（单选或多选）和选项的个数。这里就测试分别添加一个单选投票主题和一个多选投票主题，如图 12-26 和图 12-27 所示。在添加成功后就可以查看当前存在的主题，如图 12-28 所示。

图 12-26 添加单选投票主题　　图 12-27 添加多选投票主题　　图 12-28 当前存在的主题

通过浏览相应的主题会出现投票主题的结构及模拟投票的选项，如图 12-29 和图 12-30 所示。从显示的结果可以看到，单选投票与多选投票主题的选择框不同。其中，单选投票使用的是单选按钮，多选投票使用的是复选框。

图 12-29　单选投票主题结构

图 12-30　多选投票主题结构

12.4.2 模拟投票和查看投票结果

在浏览投票主题的同时，用户还可以模拟投票，如图 12-31 和图 12-32 所示。当投票成功后，就可以查看投票结果，效果如图 12-33 和图 12-34 所示。从显示的结果可以看到，正确记录了投票结果。由此可以说明，投票系统可以正常运行。

图 12-31　模拟单选投票

图 12-32　模拟多选投票

图 12-33　单选投票结果

图 12-34　多选投票结果

参考文献

［1］ 李颖.PHP+MySQL动态网站开发基础教程［M］.北京：清华大学出版社，2018.

［2］ 陆凯.PHP网站开发实用技术［M］.北京：人民邮电出版社，2016.

［3］ 孔祥盛.PHP编程基础与实例教程：微课版［M］.北京：人民邮电出版社，2022.